統計ライブラリー

社会科学のための
ベイズ統計モデリング

浜田　宏
石田　淳
清水裕士

［著］

朝倉書店

浜田宏　HAMADA Hiroshi

東北大学大学院文学研究科教授　博士（社会学）

石田淳　ISHIDA Atsushi

関西学院大学社会学部教授　博士（社会学）

清水裕士　SHIMIZU Hiroshi

関西学院大学社会学部教授　博士（人間科学）

まえがき

本書は，統計モデリングの考え方と使い方を初学者に向けて解説した入門書です．想定している読者は

- 社会科学系の学部上級生から大学院生
- データ分析に関心のある研究者
- データサイエンスに関心のあるビジネスパーソン
- 統計ソフトは使えるけど，理屈がわからなくてモヤモヤしている人

などです．統計モデリングとは，確率を使った数理モデルを組み立て，データと対応させながら現象の説明と理解を試みる一連のプロセスです．本書は，この統計モデリングについて学ぶ本です．

本書の特徴

世の中にはすでに統計学の良書が存在しています．しかし，統計モデルのつくりかたを解説した書籍はあまり多くはありません．ですから本書は，現象を統計に基づく**モデル**で表現し，分析する方法に焦点をあてて解説します．本書では，自分の手でモデルを考えて，つくる方法を学びます．

ここでいう，《モデルをつくる》とは，すでに存在する統計モデルを，自分の分析したい変数（データ）にあてはめる作業のことではありません．私たちが本書でみなさんと一緒に考えたいことは，個々の現象にあわせて独自の数理モデルを組み立て，それをデータと対応させる方法です．

本書では，統計モデリングのなかでも，特にベイズ統計モデリングに注目します．なぜなら，関心のある現象にあわせて，自由にモデルをつくるという目的に，ベイズ統計モデリングは非常に適した方法だからです．

したがって本書にはデータ分析の定番の手法である，一般化線形モデル（回帰分析やロジスティック回帰を一般化した統計モデル）の解説や p 値を用いた仮説検定などの話題は，とりあげません．お決まりの分析方法ではなく，自分の手で現象にあったモデルをつくる方法を解説します．

また本書では，確率モデルや推定の理論（理屈）についても，なるべく最初から理解できるよう説明を試みました．数式はたくさん登場しますが，式変形のステップは細かく書きました．数学が苦手な方でもゆっくりと時間をかけて読んでいただければ，理解してもらえるはずです．

本書の前提知識

本書は，なるべく自己完結的な説明を目指していますが，以下の知識は読者に備わっていると仮定します．

- 高校〜大学1年生レベルの微分・積分
- 高校〜大学1年生レベルの確率・統計（平均・分散・回帰分析など）
- 統計ソフトRとそのパッケージRStan，プログラミング言語Stanの基礎（回帰分析のコードをStanで書き，RStan経由でRで実行できる程度の知識）

数学のおさらいとして矢野・田代 (1993) や松坂 (1989–90) が，一般化線形モデルから階層ベイズモデルまでの拡張を学ぶには久保 (2012) が，RとStanの使い方と並行して統計モデリングを学ぶには松浦 (2016) が参考になります．

使用コードの例

本書で使用したRとStanのコードは，サポートサイト

https://github.com/HiroshiHamada/BMS で公開しています．数学を使った手法の理解には，紙で計算することと，PCを使って計算することの2つが効果的です．ただ本を眺めていても理解は進みません．自分の手で好きなだけモデルを動かして遊んでください．

本書の執筆分担は，第4章，第6章，8.2節，第11章が石田，第7章，第9章が清水，それ以外は浜田です．

最後に，本書の刊行にあたっては，企画の段階から完成まで朝倉書店編集部の方々に大変お世話になりました．記して感謝いたします．

2019年10月

著　　者

目　　次

第0章	イントロダクション	1
0.1	モデルとは ……………………………………………	1
0.2	保険に入る？入らない？ ………………………………	2
0.3	より複雑な現実を説明するために ……………………	6
0.4	本書の構成 ……………………………………………	7

第1章	確率分布とデータ	9
1.1	事象と標本空間 ………………………………………	9
1.2	確率変数 ………………………………………………	11
1.3	確率分布 ………………………………………………	12
1.4	同時確率と確率変数の独立 ……………………………	17
1.5	サンプルと真の分布 …………………………………	20
1.6	統計的推測 ……………………………………………	21

第2章	確率モデルと最尤法	24
2.1	確率モデル ……………………………………………	24
2.2	最尤法…………………………………………………	26
2.3	最尤法のもとでの予測分布 ……………………………	32

第3章	確率モデルとベイズ推測	36
3.1	同時分布と条件付き確率 ………………………………	36
3.2	事後分布 ………………………………………………	38
3.3	予測分布 ………………………………………………	40
3.4	ベイズ推測の具体例 …………………………………	41

第4章	MCMC	48
4.1	ベルヌーイ試行の具体例 ………………………………	48
4.2	MCMCの導入…………………………………………	49

iv 目 次

4.3	メトロポリス・アルゴリズム	50
4.4	MCMC の一般的な説明	57

第 5 章 モデリングと確率分布 67

5.1	ベルヌーイ分布	68
5.2	2 項分布	69
5.3	ポアソン分布	71
5.4	指数分布	76
5.5	正規分布	79
5.6	対数正規分布	80
5.7	ベータ分布	82
5.8	ベータ 2 項分布	83
5.9	ガンマ分布	84

第 6 章 エントロピーとカルバック–ライブラー情報量 87

6.1	ハートのエースが出てこない	87
6.2	情報量	89
6.3	エントロピー	91
6.4	連続確率変数のエントロピー	93
6.5	カルバック–ライブラー情報量	94
6.6	交差エントロピー	97
6.7	汎化損失	99
6.8	AIC	99
6.9	WAIC	102
6.10	ベイズ自由エネルギー	104

第 7 章 モデル評価のための指標 107

7.1	確率モデルの情報量	107
7.2	自由エネルギーの具体例	108
7.3	自由エネルギーの推定値の計算	114
7.4	汎化損失の推定	121

第 8 章	データ生成過程のモデリング	127
8.1	データ生成と確率モデル	127
8.2	分布をあてはめるモデル	129
8.3	分布を合成してつくるモデル	134
8.4	パラメータの生成モデル	141

第 9 章	遅延価値割引モデル	147
9.1	遅延価値割引のモデル	147
9.2	遅延価値割引の理論的整理	149
9.3	遅延価値割引のベイズ統計モデリング	153
9.4	ベイズ統計モデリングによる遅延価値割引の推定	155
9.5	モデル比較	158
9.6	個人差の推定	159
9.7	モデルの発展	162

第 10 章	所得分布の生成モデル	166
10.1	所得分布の生成	166
10.2	対数正規分布の導出	169
10.3	所得分布生成モデルのベイズ推測	171
10.4	所得分布生成モデルのインプリケーション	173

第 11 章	収入評価の単純比較モデル	179
11.1	他者との比較メカニズム	179
11.2	収入評価分布	180
11.3	単純比較モデル	182
11.4	ベイズ統計モデリング	185

第 12 章	教育達成の不平等： 相対リスク回避仮説のベイズモデリング	195
12.1	教育機会の拡大と階層間格差	196
12.2	相対リスク回避モデルの仮定	197
12.3	相対リスク回避モデルのベイズ推測	201
12.4	分析結果の要約	204

12.5	理論モデルか GLM か？	207
付録 A	**確率論の基礎概念**	**209**
A.1	確率測度	209
A.2	確率変数	212
文　献		217
索　引		221

本書で使う記号

$\mathbb{R}$	実数全体の集合
$\mathbb{R}^+$	正の実数全体の集合. 0 は含まない
$\mathbb{Z}$	整数全体の集合
$\mathbb{Z}^+$	正の整数全体の集合. 0 は含まない
$\forall i$	すべての i について
$x \in A$	x は集合 A の要素である
$\{x \mid x$ は○○$\}$	性質○○をもつ x の集合
$A \subset B$	集合 A は集合 B の部分集合である
$A \cap B$	集合 A と B の共通部分. $\{x \mid x \in A$ かつ $x \in B\}$
$A \cup B$	集合 A と B の和集合. $\{x \mid x \in A$ あるいは $x \in B\}$
$f : A \to B$	f は集合 A から集合 B への関数
	（A の各要素を B のただ 1 つの要素に対応させる対応関係）
$[a, b]$	閉区間. 集合 $\{x \mid a \leq x \leq b\}$ のこと
(a, b)	開区間. 集合 $\{x \mid a < x < b\}$ のこと
$P \Longrightarrow Q$	命題 P が成立するならば命題 Q が成立する
$P \Longleftrightarrow Q$	「命題 P ならば Q」かつ「命題 Q ならば P」が成立する
$\sum_{i=1}^{n} x_i$	$x_1 + x_2 + \cdots + x_n$ の省略した書き方
$\prod_{i=1}^{n} x_i$	$x_1 \times x_2 \times \cdots \times x_n$ の省略した書き方
Ω	標本空間. $\Omega = \{$表, 裏$\}$ はコイン投げの標本空間
$P(X = a)$	確率変数 X の実現値が a である確率
$X^n = (X_1, X_2, \cdots, X_n)$	サンプル. n 個の確率変数の組
$x^n = (x_1, x_2, \cdots, x_n)$	サンプルの実現値. n 個の実数の組
$\displaystyle\int_a^b f(x)dx$	範囲 a から b までの $f(x)$ の積分
$\dfrac{dy}{dx}$	y を x で微分したときの導関数

第 0 章

イントロダクション

0.1 モデルとは

みなさんは《モデル》という言葉を聞いて，何を想像するでしょうか．よく耳にする例としては，

- ガンダムや戦車のプラモデル
- ファッション誌のモデルや住宅展示場のモデルルーム

などになじみがあると思います．

プラモデルや模型は，実物を縮小した形や，単純化した形を表しています．ファッションモデルは，ショーや雑誌で新しい型や流行の服を着て見せる人です．モデルルームは，住宅メーカーが最新設備を宣伝するためにつくった展示用の豪華な家です．

総じて《モデル》という概念には「対象を理想化・単純化したもの」という意味があります．私たち社会科学の研究者も人の行動や現象を表現したり，説明するために《モデル》を使います．**モデル**（model）とは説明の対象となる複雑な現象の本質を抽象化・単純化したものです．本書は，この《モデル》を使って人の行動や選択を説明する方法を解説します．

人の行動や意思決定のプロセスを解明する作業は，簡単ではありません．自然科学と違い，人間行動の場合，実験で条件を統制することが難しいからです．たとえば大学への進学という行動に影響する要因を知りたいからといって，「親の収入の影響を知りたいので，今日からあなたの家は年収 300

万円にします」という実験はできません.

　そのため，限られた観察可能な要因と，直接観察できない要因の影響を考慮しなければなりません.それゆえ，人の行動や意識を説明するためには，条件と仮定の単純化・明確化が必要です.現象が成立する条件を単純化しないと，複数の要因が絡み合って結局何が重要な要因かを判別できないからです.また仮定が明確でないと，推論が間違っていた場合に，どこで間違ったのかを特定できません.以上のことをふまえて，次節ではさっそく《モデル》の具体例を考えてみましょう.

0.2　保険に入る？入らない？

　あなたが新しく携帯電話を購入する場面を想像してください.ある端末を選んだところ，販売員が修理保険への加入を勧めてきました.条件は次のとおりです.

> 1年間1000円の保険料で，端末が壊れた場合に修理代金5万円が保証されます.携帯が1年以内に壊れる確率は1/100とします.

　期間中に携帯が壊れなければ保険料は無駄な出費に思えます.ですからあなたは保険に加入するかどうか，少し悩むでしょう.この状況下での意思決定は次のような単純な《モデル》で表現できます[1].

1. 行動の選択肢は保険に《加入する》か《加入しない》の2つ.結果は《壊れる》か《壊れない》の2つ
2. 壊れた場合の損失は−5万円.保険料は−1000円
3. 壊れる確率は1/100，壊れない確率は99/100

　この《モデル》は現実をかなり単純化しています.たとえば，《壊れる》といっても軽微な不具合から大きな故障まで，さまざまな度合いがあります.修理額も一律5万円ではないでしょう.しかし本質的なことは，「なんらかの小さな確率で損害が生じる」「保険を払えば損害がカバーされる」「事故が

---

[1] この例は浜田 (2018) のイントロダクションの例と同じ構造の意思決定問題です.このように，状況を抽象的にモデル化すると，一見異なる現象に対しても同じモデルを適用して分析することができます.

生じなければ保険料は戻らない」という点です．上述の仮定は，保険加入にとって本質的な条件を特定しています．ですからこのモデルを分析すれば，私たちの意思決定のメカニズムを近似的に理解できるはずです．

このように，モデルは明示的な仮定から構成されます．このことは，提案したモデルが現実をうまく説明できない場合に大変重要な意味をもちます．仮定が明確ならば，どの部分を修正すればよいのか，簡単に特定できます．逆に仮定があいまいだと，間違っている場合にどこを修正すればよいのかがわかりません．ですから仮定を明示することは，よりよいモデルへと近づくために，大変重要な手続きです．以上の仮定を図で表します[*2]．

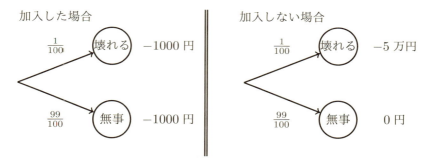

次に，保険加入時の期待値（平均的な損失）を考えます．《確率》と《その確率で実現する値》の積の合計が期待値です．期待値とは，直感的にいえば，確率的に結果が異なる試行を何度も繰り返したときの平均的な結果の値です．加入時の期待値（平均の損失）は

$$\frac{1}{100} \times (-1000) + \frac{99}{100} \times (-1000) = -10 - 990 = -1000.$$

加入しなかった場合の期待値（平均の損失）は

$$\frac{1}{100} \times (-50000) + \frac{99}{100} \times 0 = -500 + 0 = -500.$$

加入時の期待値と非加入時の期待値を比較すると，

$$加入時の期待値 < 非加入時の期待値$$
$$-1000 < -500$$

[*2] 確率的に生じるできごとを，このような図で表したものを**樹形図**といいます．図を描くことで，仮定したモデルの世界をさらに明確にできます．

が成立します．よって，期待値だけで判断した場合は，加入しない方がよい，と考えるはずです．私たちはこのモデルを使って「この条件下では，平均的な損失を減らすよう合理的に選択すると，人は保険に加入しない」と予測することができます．

「こんな単純な推論がモデルなのか」と，少し拍子抜けしたかもしれませんが，ここで終わりではありません．モデルからは，さらにインプリケーション（含意）を導出できます．**インプリケーション**（implication）とはモデルから論理的に導き出した命題のことです．

たとえば《携帯の壊れる確率が何 % 以上なら，人は保険に加入するのか》という問題に対する答えをモデルから導き出せます．携帯が壊れる確率を p，壊れない確率を $1 - p$ とおけば，保険加入時の期待値は

$$(1 - p) \times (-1000) + p \times (-1000) = -1000 + 1000p - 1000p = -1000.$$

一方，加入しなかった場合の期待値は

$$(1 - p) \times 0 + p \times (-50000) = 0 - 50000p = -50000p.$$

保険に加入する条件は

$$\text{加入時の期待値} > \text{非加入時の期待値}$$
$$-1000 > -50000p$$

と書けます．これを p について整理すると

$$p > \frac{1000}{50000} = 0.02$$

です．つまり $p > 0.02$ のとき，いいかえれば，破損確率が 2% よりも大きい場合に保険に加入するはずだと予測できます．簡単ですが，計算してみないとわからない意外な発見があったといえるでしょう．これがモデルから得たインプリケーションです．

さらにインプリケーションを一般化してみましょう．携帯の破損で生じる損失を $-d$ とおきます．d は damage の略です．$d > 0$ を仮定して $-d$ が常に負になるよう定義します．次に保険料を $-c$ と定義します．c は cost の略で $c > 0$ と仮定します．先ほどの数値例だと損失が $-d = -50000$ で，保険料は $-c = -1000$ なので，《損失額》に対する《保険料》の割合は

$$\frac{c}{d} = \frac{1000}{50000} = \frac{1}{50}$$

です．c/d は損害に対する保険料の比率です．念のため，一般化した条件を再度確認しておきましょう．

1. 選択肢: { 加入する, 加入しない }．結果: { 壊れる, 壊れない }．
2. 壊れた場合の損失は $-d$ 円．壊れない場合は 0 円．保険料は $-c$ 円（ただし $c > 0$, $d > 0$）．
3. 携帯が壊れる確率は p, 壊れない確率は $1 - p$.

加入時の期待値は

$$(1 - p) \times (-c) + p \times (-c) = -c + pc - pc = -c.$$

一方，加入しなかった場合の期待値は

$$(1 - p) \times 0 + p \times (-d) = 0 - pd = -pd.$$

よって加入する条件は $-c > -pd$ と書けます．これを p について整理すると $p > c/d$ なので，保険に加入する条件は単に

$$携帯の壊れる確率 p が \frac{c}{d} より大きいこと$$

だとわかります．モデルを使うことで，「加入するかどうかは，損失額に対する保険料の割合 c/d だけで決まる」という意外な結果が判明しました．つまり，破損確率がわかっている商品に対して保険をかけるかどうかは，修理代金と保険額の比率から決めることができるのです．もしみなさんが保険に入るかどうかを悩んでいるとしたら，この期待値に基づく選択方法が 1 つの参考になるでしょう．

　ただし，ここでは保険購入によって得る安心感は考慮していません．現実には安心感を得るために保険を購入することもあるでしょう．もしあなたが，提案されたモデルに対してなんらかの違和感をもったなら，自分の手でモデルを修正するチャンスです．好きなように修正してかまいません．あなたの考えたモデルと私たちの考えたモデルのどちらがよいか，比較してみることをお勧めします．この比較の方法については第 6 章，第 7 章で解説します．

0.3　より複雑な現実を説明するために

　前節で考えたようなモデルを私たちは**トイモデル**（toy model）と呼んでいます．トイとはおもちゃのことです．おもちゃのような単純なしくみで，複雑な現象の本質的な部分を表現しているからです．

　トイモデルの分析はこれで終わりではありません．同じ機種の携帯を購入する人はあなた以外にも，たくさん存在します．今度は 1 人の問題ではなく，携帯を購入した（あなたを含む）集団について考えてみましょう．

　　　$p > a$ という不等式が成立している場合には，保険に加入する．そう
　　　でない場合には加入しない．

これがトイモデルのインプリケーションでした．c/d は保険によって補償される金額（5 万円）と保険額（千円）の比ですから，$c/d = 1000/50000 = 1/50 = 0.02$ です．購入した機種が同じなら全員にとって c/d の値は共通です．もし破損確率 p の値も共通なら，《加入》を選択する条件

$$p > \frac{c}{d}$$

は，全員にとって同じように成立します．このことは全員が同じ選択をすることを意味します．

　しかしこの結論は，ちょっと奇妙だといわざるをえません．現実には同じ条件のもとで保険に入る人もいれば入らない人もいるからです．したがって前節のモデルでは，個人間の行動の差異を説明できません．たとえば販売店のデータから，保険加入者の割合が 20% だとわかったとしましょう．データとモデルが整合的であるためには，$p > c/d$ という不等式が成立している人が全体の 20% で，残りの 80% は逆に $p \leq c/d$ でなければなりません．

　このような，モデルでうまく説明できない事実の発見は，モデルを改良するチャンスです．幸い，モデルの仮定が明確なので，どの部分を修正すればよいのかは簡単にわかります．たとえば，購入者は携帯の客観的な破損確率を知らず，個人ごとに主観的な確率を想定すると仮定すれば，行動の違いを説明できそうです[*3]．

　[*3] 数学的には《携帯の破損確率 p それ自体がなんらかの確率分布に従う》という仮定を導入します．

ただし一般に，モデルの単純さを維持しながら，複雑な現実やデータに対応してモデルを修正する作業は簡単ではありません．モデルの表現力を拡張するためには，私たちの数学的な表現力も鍛えねばなりません．

どうやって，シンプルなモデルをつくるのか．どうやって，より複雑な現象をモデルで表現するのか．どうやって，定式化したモデルを現実のデータと対応させて，モデルの妥当性をチェックするのか．本書では，これらの問題を解決するために必要な概念，理論，方法を順番に導入していきます．

0.4 本書の構成

まず第1章では，確率論の基本概念である《事象》や《標本空間》の意味を確認しながら，《確率変数》を導入します．確率変数はモデルをつくる際に中心となる基本概念です．そしてデータが未知の真の分布から生成されるという基本仮定を導入します．

次に第2章では，原理的に観察できない未知の分布を推測するために，確率モデルを導入します．データを使って真の分布に関する情報を推測する方法の基本として，最尤法の考え方を確認します．

第3章ではベイズ推測の考え方を紹介します．パラメータの事前分布，事後分布，そして事後分布を用いた予測分布という概念を，具体的な計算例をとおして確認します．

第4章ではパラメータの事後分布を計算する方法の1つであるMCMCを紹介します．マルコフ連鎖という確率過程の理論と，コンピュータによる反復計算を組み合わせたアルゴリズムの内容を確認します．

第5章ではモデリングに使用するさまざまな確率分布を紹介します．バラバラに定義するのではなく，分布間の関係に注目して体系的に定義します．さまざまな確率分布を組み合わせることで，まるでレゴブロックのように，自由にモデルを組み立てることができます．

第6章と第7章ではモデルの評価方法と比較について説明します．モデルの評価基準にはさまざまな指標があり，それらがどんな理論的背景をもつのか，どうやって使うのかを解説します．

第8章から第12章まではモデルの実例です．社会学や心理学や経済学におけるモデルのつくり方を実例を通して紹介します．第8章がより基礎的

で，第9章以降がより応用的です．第9章と第12章はイントロダクション
で触れた合理的選択のモデリング例です．

　自分の手でモデルをつくるという作業は知的で楽しい経験です．本書では
《ベイズ統計モデリングの利点は，分析者が自由にモデルをつくり，データ
と対応できる》という立場を強調します．ベイズ統計モデリングの柔軟性
は，これまで難しかったトイモデル（純粋な数理モデル）とデータとの対話
を可能にします．本書を通じて読者のみなさんには，自分の手でオリジナル
なモデルをつくり，いままで知らなかった新しい世界を体験していただけれ
ば幸いです．

まとめ

- モデルとは複雑な人間行動を説明するために現実を単純化・抽象
  化したものであり，明確な仮定からなる．
- モデルから論理的に導出した命題をインプリケーション（含意）
  と呼び，自明でないインプリケーションは，現実についての新し
  い理解をもたらす．
- 個人間の行動の違いを説明するには，確率や統計の考え方が必要
  である．

第1章

確率分布とデータ

　イントロダクションで私たちは人々の保険加入行動をモデル化しました．しかしそこで考えたモデルは，《保険に加入する人》と《加入しない人》の行動の違い（データ）を，うまく説明できませんでした．この問題を解決するために本章では，確率論の基本概念である確率変数と確率分布を導入し，モデルとデータと対応させるための準備を整えます．

1.1　事象と標本空間

　確率を考えることがらを**事象**（event）と呼び，毎回の結果が偶然に支配されるような観測を**試行**（trial）と呼びます．たとえば《コインを振る》という試行の場合，《表が出る》や《裏が出る》が事象です．事象は試行の結果として起こります．

　イントロダクションで考えた保険加入の場合，行動の観察という試行の結果として《保険に加入しない》《保険に加入する》という事象が起こります．この試行で起こる結果は 2 つしかありません．このとき集合

$$\Omega = \{ \ \text{加入しない}, \quad \text{加入する} \ \}$$

を**標本空間**（sample space）と呼びます．Ω はギリシア文字でオメガ[*1]と読

[*1] 確率論では標本空間（という集合）を表すのに，慣例として Ω を使うことが多いので，本書でも同じ記号を使います．ギリシア文字に慣れていないと，なんだか難しそうに見えるかもしれませんが，Ω のかわりに $G = \{ \text{加入しない}, \quad \text{加入する} \}$ と書いても，意味は同じです．

みます．標本空間とは，直感的にいえば，考察の対象となるすべてを集めた集合です．たとえばサイコロを1回振り，その出た目に興味がある場合，《サイコロを振る》という試行の標本空間 Ω は

$$\Omega = \{ \boxed{\cdot}, \boxed{\because}, \boxed{\therefore}, \boxed{::}, \boxed{:\cdot:}, \boxed{:::} \}$$

です．標本空間の要素は数字でなくてもかまいません．そのことを強調するために，ここではサイコロの絵で要素を表現しています．このとき，$\boxed{\cdot}$ から $\boxed{:::}$ の目は，互いに異なる結果として区別でき，それ以上に細かい結果には分割できません．この $\boxed{\cdot}$，$\boxed{\because}$，$\boxed{\therefore}$，$\boxed{::}$，$\boxed{:\cdot:}$，$\boxed{:::}$ を標本空間の要素といいます（松坂 1989–90: 739–740）．いま標本空間の要素を集めて

$$A = \{ \boxed{\cdot}, \boxed{\because} \}$$

という集合をつくったとします．すると集合 A の要素は必ず標本空間 Ω の要素です．すなわち

$$(\boxed{\cdot} \in A \text{ ならば } \boxed{\cdot} \in \Omega) \text{ かつ } (\boxed{\because} \in A \text{ ならば } \boxed{\because} \in \Omega)$$

です．このとき集合 A を標本空間 Ω の**部分集合**（subset）と呼び，記号で $A \subset \Omega$ と書きます．

定義 1（部分集合）．集合 A のすべての要素が集合 B の要素であるとき，A を B の部分集合と呼び，$A \subset B$ と書く．確率論では標本空間 Ω の部分集合を事象と呼ぶ．

標本空間 Ω それ自体も，標本空間 Ω の部分集合なので，事象です[2]．標本空間それ自体は，必ず起こる事象を表しています．なぜならサイコロを1回振るという試行の結果，1から6の目のどれかが出るからです．逆にけっして起こらない事象は空集合 $\emptyset$ で表します．記号 $P(A)$ で，事象 A が起こる確率を表します．確率は次の性質を満たします[3]．

1. 任意の事象 A に対して，$0 \leq P(A) \leq 1$

---

[2] $\Omega \subset \Omega$ です．部分集合の定義を使って確かめてみましょう．

[3] 確率のより詳しい定義は付録 A をご覧ください．

2. $P(\Omega) = 1$, $P(\emptyset) = 0$
3. $A \cap B = \emptyset$ ならば $P(A \cup B) = P(A) + P(B)$

1.2 確率変数

標本空間と事象を定義したので，これで確率変数を定義する準備が整いました．保険加入行動の例にもどり，標本空間

$$\Omega = \{\text{加入しない}, \quad \text{加入する}\}$$

の要素に，それぞれ数字の 0 と 1 を対応させます．

$$\text{加入しない} \to 0$$
$$\text{加入する} \to 1$$

このような，標本空間 Ω の要素と数字の対応関係を**確率変数**（random variable）といいます．確率変数は標本空間 Ω のすべての要素に《数》を対応させる関数です．要素と対応する数字（0 や 1）を確率変数の**実現値**（realization）と呼びます．《確率変数》は対応関係そのものを指し，《確率変数の実現値》はルールによって標本空間の要素と対応する数値のことを指します．以下，確率変数は大文字の X や Y で，その実現値は数字もしくは小文字の x や y で表します．

関数（確率変数）に Y と名前をつけて，対応を図で示します．

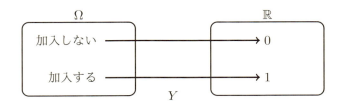

確率変数 Y は Ω から実数 $\mathbb{R}$ への関数です．以下，関数を記号で $Y: \Omega \to \mathbb{R}$ と書きます．関数 Y は，Ω の要素である《加入しない》を入力すると《0》を出力し，別の要素である《加入する》を入力すると《1》を出力します．こ

の対応を式で書けば，次のとおりです．

$$Y(加入しない) = 0$$
$$Y(加入する) = 1.$$

標本空間の要素には確率が対応しているので，確率変数の実現値にも確率が対応します．たとえば《加入しない》という事象に確率 $1-q$，《加入する》という事象に確率 q を定義すると，確率変数の実現値と確率の対応は次のとおりです．

事象		実現値	確率
加入しない	→	0	$1-q$
加入する	→	1	q

この対応により，《$Y=0$ になる確率》は $1-q$ です．同様に，《$Y=1$ になる確率》は q です．式で書けば，次のとおりです．

$$P(Y(加入しない) = 0) = P(Y = 0) = 1-q$$
$$P(Y(加入する) = 1) = P(Y = 1) = q.$$

このように確率変数 Y によって標本空間 Ω の要素と実現値の対応が定義されると，Y が 0 になる確率 $P(Y=0)$ や，1 になる確率 $P(Y=1)$ が定まります．《確率》と《確率変数》は異なる概念なので，混同しないように注意しましょう．

$\{0, 1\}$ のように実現値の集合が離散値（とびとびの値）で表される確率変数を**離散確率変数**（discrete random variable）といいます．特に，いま定義したような確率変数 Y はベルヌーイ分布に従う，といいます．

1.3 確 率 分 布

確率分布（probability distribution）とは，確率変数の実現値の現れやすさを確率で定義したものです．前節で説明したベルヌーイ分布は，もっとも単純な確率分布の 1 つです．

例 1（ベルヌーイ分布）．確率変数 Y が確率 q で $Y=1$，確率 $1-q$ で $Y=0$ となるとき，Y は**ベルヌーイ分布**（Bernoulli distribution）に従う，という． □

1.3 確率分布　　　　　13

　このベルヌーイ分布からさまざまな確率分布が派生します（第5章でさまざまな種類の確率分布を紹介します）．以下，本書では確率変数 X が，ある分布に従うことを次の記号で表します．

$$X \sim 分布名 (パラメータ)$$

パラメータとは分布を特徴づける値です．ベルヌーイ分布は確率 q がパラメータなので，$Y \sim \text{Bernoulli}(q)$ と表します．また X がパラメータ μ, σ の正規分布に従うなら $X \sim \text{Normal}(\mu, \sigma)$ と書きます．

1.3.1　離散確率分布と確率質量関数

　ベルヌーイ分布の実現値は《0》か《1》のように離散的な値です．このような分布を**離散確率分布**といいます[*4]．ほかにも離散確率分布の例として，次のような単純な分布があります．

例 2 (離散一様分布)．実現値 $\{1, 2, 3\}$ をとる確率がそれぞれ $1/3$ であるような確率分布を離散一様分布という．

実現値	1	2	3
確率	$\frac{1}{3}$	$\frac{1}{3}$	$\frac{1}{3}$

　離散一様分布の特徴は，すべての実現値が同じ確率で出現することである．　　□

　直感的にいえば，離散確率分布とは $\{1, 2, 3, \ldots\}$ のように，不連続な値をとる実現値の集合上で定義された確率のことです．

定義 2 (確率質量関数)．離散的な実現値の集合を S とおく．関数 $f : S \to \mathbb{R}$ が次の性質を満たすとき，**確率質量関数**（probability mass function）という．単に確率関数とも呼ぶ．

1. 任意の $x \in S$ について $f(x) \geq 0$.
2. $\displaystyle\sum_{x \in S} f(x) = 1$.

[*4] 離散確率分布の一般的な定義については付録 A.2 を参照してください．

14   1. 確率分布とデータ

> 離散確率変数 X の実現値が x となる確率を確率質量関数 $f(x)$ で
>
> $$P(X = x) = f(x)$$
>
> と定義する. $X = a$ である確率は $f(a)$ である.

例 3 (ベルヌーイ分布の確率質量関数). ベルヌーイ分布に従う離散確率変数 Y の確率質量関数 $f(y)$ は
$$P(Y = y) = f(y) = q^y(1-q)^{1-y}$$
である. 確率変数 Y の実現値 y に 0 と 1 を代入してそれぞれ計算すると
$$P(Y = 0) = q^0(1-q)^{1-0} = 1 - q,$$
$$P(Y = 1) = q^1(1-q)^{1-1} = q.$$
これは, $Y = 0$ になる確率が $1 - q$ で, $Y = 1$ になる確率が q であることを意味する. たとえば $q = 0.4$ の場合,
$$P(Y = 0) = 0.4^0(1-0.4)^{1-0} = 1 \cdot (1-0.4)^1 = 0.6,$$
$$P(Y = 1) = 0.4^1(1-0.4)^{1-1} = 0.4 \cdot (0.6)^0 = 0.4.$$

$\square$

このように確率質量関数は実現値を代入すると, その実現値の確率を与えてくれる便利な関数です. ほかにも例を示しましょう.

例 4 (離散一様分布の確率質量関数). 実現値の集合が $\{1, 2, 3\}$ である離散一様分布に従う確率変数 X の確率質量関数は, 任意の $a \in \{1, 2, 3\}$ に対して
$$P(X = a) = \frac{1}{3}$$
である. このことは X が 1 である確率も, 2 である確率も, 3 である確率も一様に 1/3 であることを意味する. $\square$

この例のように, 確率質量関数は定数であってもかまいません. 定数である場合は, どの実現値も同じ確率で生じます.

1.3.2 連続確率分布

統計学には離散確率分布のほかに, 正規分布やベータ分布といった, 連続確率分布も登場します. **連続確率変数** (continuous random variable) は,

たとえば身長，体重，気温，刺激に対する反応時間など，実数直線上の任意の値をとる測定値を表現する場合に使います．連続確率分布の場合，次の確率密度関数を用います．

定義 3 (確率密度関数)．次の性質を満たす関数 $f : \mathbb{R} \to \mathbb{R}$ を **確率密度関数**（probability density function）という．

1. 任意の $x \in \mathbb{R}$ について $f(x) \geq 0$
2. $\int_{-\infty}^{\infty} f(x)dx = 1$

連続確率変数 X の実現値が区間 $[a, b]$ 内におさまる確率 $P(a \leq X \leq b)$ を，次の確率密度関数の積分で定義する．

$$P(a \leq X \leq b) = \int_a^b f(x)dx$$

実数集合 $\mathbb{R}$ の部分集合として，次の集合を区間と呼びます．

$$[a, b] = \{x | a \leq x \leq b\}, \quad (a, b] = \{x | a < x \leq b\}$$
$$[a, b) = \{x | a \leq x < b\}, \quad (a, b) = \{x | a < x < b\}$$

確率密度関数を《特定の区間で積分して面積を求めると確率になる》というイメージで捉えてください．図 1.1 にそのイメージを示します．

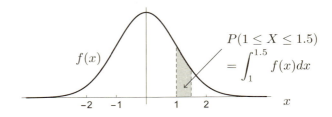

図 1.1 確率密度関数 $f(x)$ のグラフと確率 $P(1 \leq X \leq 1.5)$ に対応する面積

図 1.1 は，ある確率密度関数 $f(x)$ を使って，確率変数 X が区間 $[1, 1.5]$ 内で実現する確率 $P(1 \leq X \leq 1.5)$ を図示したものです．図中の曲線が $f(x)$ のグラフ，グレーの部分の面積が確率 $P(1 \leq X \leq 1.5)$ に対応します．離散確率変数とは異なり，連続確率変数では $X = 1$ や $X = 3$ などが実現する確

率を 0 と定義します.つまり任意の $a \in \mathbb{R}$ に対して

$$P(X = a) = P(a \leq X \leq a) = \int_a^a f(x)dx = 0$$

です.直感的にいえば,積分する範囲が a から a で幅がないので面積 0 だからです.ただし,このことは《確率密度関数 $f(x)$ に a を代入した値 $f(a)$ が $f(a) = 0$》という意味では $\dot{な}\dot{い}$ ので注意してください.

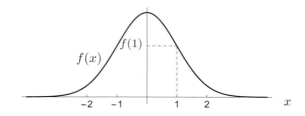

図 1.2 確率密度関数 $f(x)$ のグラフと $x = 1$ における $f(1)$ の位置

図 1.2 は図 1.1 と同じ確率密度関数 $f(x)$ のグラフです.関数 $f(x)$ に 1 を代入した値は $f(1)$ であり,その高さを見れば $f(1) \neq 0$ であることは明白です.

1.3.3 期 待 値

期待値とは確率変数が従う分布の平均値です.

定義 4 (確率変数の期待値).離散確率変数 X の確率質量関数が $f(x_i) = p_i$, $i = 1, 2, \ldots, n$ であるとき,次の総和

$$x_1 p_1 + x_2 p_2 + \cdots + x_n p_n = \sum_{i=1}^n x_i p_i$$

を確率変数 X の **期待値**(expectation)と呼ぶ.確率変数 X の期待値を $\mathbb{E}[X]$ と書く.

$$\mathbb{E}[X] = \sum_{i=1}^n x_i p_i = \sum_{i=1}^n x_i \cdot f(x_i).$$

連続確率変数 X の期待値は，次の積分

$$\mathbb{E}[X] = \int_{-\infty}^{\infty} x \cdot f(x) dx$$

である．ただし $f(x)$ は X の確率密度関数である．

離散確率変数の場合，期待値は《確率変数の実現値》と《その実現値の確率》をかけた値の合計です．簡単な例を示します．

例 5 (ベルヌーイ分布の期待値)．パラメータ q のベルヌーイ分布に従う確率変数 Y の期待値は

$$\mathbb{E}[Y] = (\underbrace{1}_{\text{実現値}} \times \overbrace{q}^{\substack{1 \text{ になる} \\ \text{確率}}}) + (\underbrace{0}_{\text{実現値}} \times \overbrace{(1-q)}^{\substack{0 \text{ になる} \\ \text{確率}}}) = q + 0 = q$$

である． □

例 6 (確率変数の関数の期待値)．連続確率変数 X の関数 $h(X)$ の期待値を $\mathbb{E}[h(X)]$ で表し

$$\mathbb{E}[h(X)] = \int h(x) \underbrace{f(x)}_{\text{確率密度関数}} dx$$

と定義する．たとえば $h(X) = X^2$ なら $\mathbb{E}[X^2] = \int x^2 f(x) dx$ である． □

本書が扱う範囲では，確率分布を確率質量関数あるいは確率密度関数で定義します．ゆえに本書では，特に問題がない場合は確率分布と確率質量（密度）関数を同一視します．たとえば連続確率分布 $q(x)$ と書いた場合は，この $q(x)$ は確率密度関数を同時に表すと約束します．

1.4 同時確率と確率変数の独立

2 つの離散確率変数 X, Y について $X = 0$ かつ $Y = 1$ である確率を $P(X = 0, Y = 1)$ で表し，これを**同時確率**と呼びます．X, Y が独立であるとは任意の実現値 x, y について

$$P(X = x, \ Y = y) = P(X = x)P(Y = y)$$

が成立することをいいます．一般に，n 個の確率変数が独立であることを次のように定義します．

定義 5 (n 個の離散確率変数の独立)．離散確率変数 $X_1, X_2, \ldots, X_n$ が**独立**であるとは，任意の実現値 $x_k (k = 1, 2, \ldots, n)$ について，

$$P(X_1 = x_1,\ X_2 = x_2,\ \ldots,\ X_n = x_n)$$
$$= P(X_1 = x_1)P(X_2 = x_2)\cdots P(X_n = x_n)$$

が成立することをいう．

2つの連続確率変数 X, Y について，$a < X < b$ かつ $c < Y < d$ となる確率を $P(a < X < b,\ c < Y < d)$ で表し，同時確率と呼びます．$p(x, y) \geq 0$ かつ

$$\int_{-\infty}^{\infty} \int_{-\infty}^{\infty} p(x, y) dx dy = 1$$

を満たす関数によって，同時確率

$$P(a < X < b,\ c < Y < d) = \int_c^d \left(\int_a^b p(x, y) dx \right) dy$$

を定義し，$p(x, y)$ を X, Y の同時確率密度関数と呼びます．

連続確率変数 X, Y の同時確率密度関数のグラフの例を図 1.3 に示します．

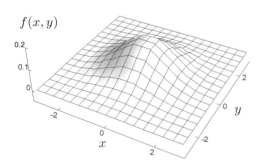

図 1.3 X, Y の同時確率密度関数 $f(x, y)$ のグラフ

1.4 同時確率と確率変数の独立 19

$f(x, y)$ のグラフは曲面です．1 次元の確率密度関数 $f(x)$ を x の全区間で積分すると 1 になるのと同様，$f(x, y)$ は x, y の全区間で重積分すると 1 になります．

$$\iint_{\mathbb{R}^2} f(x, y)dxdy = 1$$

これは図中の曲面の体積が 1 であることに対応します．

一般的な，同時確率密度関数の定義は次のとおりです．

定義 6 (同時確率密度関数)．n 組の実数 $(x_1, x_2, \ldots, x_n)$ の関数 $q(x_1, x_2, \ldots, x_n) \geq 0$ が

$$\iint \cdots \int q(x_1, x_2, \ldots, x_n)dx_1 dx_2 \cdots dx_n = 1$$

を満たすとき，$q(x_1, x_2, \ldots, x_n)$ を**同時確率密度関数**という．

確率変数が独立な場合，同時確率密度関数は個々の確率密度関数の積に分けて書くことができます．たとえば X, Y の同時確率密度関数が $p(x, y)$ であるとき，

$$p(x, y) = p(x)p(y)$$

ならば X, Y は独立です．

定義 7 (n 個の連続確率変数の独立)．連続確率変数 $X_1, X_2, \ldots, X_n$ が独立であるとは，同時確率密度関数について

$$q(x_1, x_2, \ldots, x_n) = q(x_1)q(x_2) \cdots q(x_n)$$

が成立することをいう．

今後，n 個の項の掛け算をまとめて

$$q(x_1)q(x_2) \cdots q(x_n) = \prod_{i=1}^{n} q(x_i)$$

と書きます．記号 $\prod$ は総和記号 $\sum$ の掛け算ヴァージョンで，たとえば

$\prod_{i=1}^{3} x_i$ は

$$\prod_{i=1}^{3} x_i = x_1 \times x_2 \times x_3$$

という意味です．なお $\prod$ の読み方はプロダクトで，$\sum$ はサメーションです．

1.5 サンプルと真の分布

n を自然数として，n 個の確率変数の組

$$X_1, X_2, \ldots, X_n$$

をサンプルと呼びます[*5]．サンプルの実現値を $x_1, x_2, \ldots, x_n$ で表します．

サンプルの実現値 $x_1, x_2, \ldots, x_n$ は，それぞれ実数集合 $\mathbb{R}$ 上の点であると仮定します（$x_i \in \mathbb{R}$）．n 個のサンプルの実現値を 1 つの記号

$$x^n = (x_1, x_2, \ldots, x_n)$$

でまとめて表します．x^n は，実数集合 $\mathbb{R}$ の n 次直積の要素です[*6]．

$$x^n = (x_1, x_2, \ldots, x_n) \in \underbrace{\mathbb{R} \times \mathbb{R} \times \cdots \times \mathbb{R}}_{n \text{ 個}} = \mathbb{R}^n$$

x^n は n 個の実現値をまとめて書いた記号なので，1 文字でも n 個の数値を表すことに注意します．一方，x_n と書けば単に n 番目のサンプルの実現値を表しており，1 つの数値です．$x^n = (x_1, x_2, \ldots, x_n)$ は n 次元のベクトルなので，構成要素の順番に意味があり，集合 $\{x_1, x_2, \ldots, x_n\}$ と違い，値の重複を許容します．たとえばベクトルならば $x_1 = x_3$ という重複がありえますが，集合の場合は重複する要素は 1 つにまとめて表記します．

サンプルは，同一の分布に従い，独立であるとしばしば仮定します．この仮定を independent and identically distributed の略で i.i.d. といいます[*7]．

[*5] テキストによってはサンプルを実現値の意味で使うこともありますが，特にことわらない場合，本書では確率変数の意味で使います．

[*6] 集合 $A = \{a, b\}$ と集合 $B = \{1, 2\}$ の直積を記号 $A \times B$ で表します．直積 $A \times B$ とは 2 つの集合の要素を組み合わせた次の集合です．

$$A \times B = \{(a, 1), (a, 2), (b, 1), (b, 2)\}.$$

[*7] 数学上の仮定である独立性を現実のデータに反映させるために，データを取得する際に用いる標準的かつ強力な方法がランダム・サンプリングです．

サンプルが i.i.d. であるとき，その確率密度関数は

$$q(x_1, x_2, \ldots, x_n) = \prod_{i=1}^{n} q(x_i)$$

と表すことができます．

このとき各 X_i が従う分布 $q(x)$ を確率変数 X_i の**真の分布**（true distribution）といいます．$q(x_1, x_2, \ldots, x_n)$ は真の分布の同時確率密度関数です．

$\mathbb{R}^n$ 上の同時確率密度関数 $q(x^n) = q(x_1, x_2, \ldots, x_n)$ をもつサンプル

$$X^n = (X_1, X_2, \ldots, X_n)$$

の実現値が x^n であると仮定します．

例 7 (サンプルの期待値)．n 個のサンプル（確率変数）について，その関数

$$f(X^n) = f(X_1, X_2, \ldots, X_n)$$

が与えられたとき，その平均をとる操作 $\mathbb{E}[\ ]$ を

$$\mathbb{E}[f(X^n)] = \int \int \cdots \int f(x_1, x_2, \ldots, x_n) \prod_{i=1}^{n} q(x_i) dx_i$$

と表す (渡辺 2012)．サンプルが i.i.d. なので $q(x_1, x_2, \ldots, x_n) = \prod_{i=1}^{n} q(x_i)$ が成り立つ． $\square$

期待値 $\mathbb{E}[\ ]$ は n 重積分で，複雑に見えますが，1 次元の確率変数の期待値と考え方は同じです．サンプルの期待値 $\mathbb{E}[\ ]$ では確率密度関数が真の分布 $q(x^n)$ であることに注意します．以降，そのことを強調するために $\mathbb{E}_{q(x^n)}[\ ]$ とも書きます．

1.6 統計的推測

観察したデータはサンプル（確率変数）の実現値であり，観察した実現値から観察できない真の分布を推測することを，**統計的推測**ないし統計的学習といいます (渡辺 2012: 2)．

図 1.4 はサンプルが真の分布に従うこと，そして，私たちが観察できるのは，サンプルの実現値 $x_1, x_2, \ldots, x_n$ だけであることのイメージを示してい

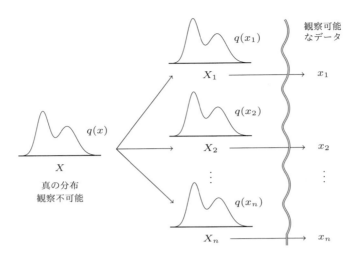

図 1.4 真の分布，サンプル（確率変数），サンプルの実現値のイメージ

ます．実現値を生み出す真の分布 $q(x)$ を観察することは通常できません[*8]．

　統計的推測では，観察した数値データを確率変数の実現値とみなし，データは（未知の）真の分布によって生成されると仮定します．

　私たちが観察可能なデータをサンプルの実現値とみなします．たとえば年齢，身長，テストの得点，年収，刺激に対する反応時間，保険に加入するかどうか（を 0 と 1 の数値で表したもの）は，サンプルの実現値の例です．統計学やデータ解析のテキストでデータと呼ぶものを本書では《サンプルの実現値》と呼びます．データという用語は確率変数のことを指すのか，その実現値のことを指すのかがあいまいなので，本書では以降，データという言葉は主として《サンプルの実現値》という意味で使います．観察した実現値の背後に，それを生成する未知の真の確率分布が存在する，という想定は統計的推測を展開するために必要な仮定です．

[*8] ただし例外的に，人工的につくった世界のなかでなら真の分布を知ることができます．事前に真の分布 $q(x)$ を仮定し，コンピュータでその実現値を近似的に発生させた場合です．この状況なら，実現値からその発生源である真の分布を推測できるかどうかを試せます．このように自分で正解を設定した上で，真の分布（やそのパラメータ）を推測する実験手法を**パラメータリカバリ**といいます．パラメータリカバリは確率分布や推測方法を理解するうえで，大変重要な方法です．

この，《真の分布がデータを生成する》という仮定の下で，真の分布はおそらくこうではないかという予想を，予測分布（第2章で説明します）という形で分析者が定式化します．私たちがデータを使って述べる推論は，このような仮定のもとでつくった予測分布に基づいています．

一般に，仮定した確率モデル（第2章で説明します）から推測や学習の結果として導出された予測分布が，真の分布と一致するとは限りません．また，真の分布を知る正しい方法といったものは存在しません．それでも，予測分布が真の分布にどのくらい近いか，どうやって近さを定義するか，などを考えることは可能です．

統計的推測を用いた研究では，自分たちの推論が非常に強い仮定の上で成立している事実をふまえ，その上で，分析結果を報告する必要があります[*9]．

まとめ

- 試行の結果として起こる可能性をすべて集めた集合を標本空間という．その部分集合を事象という．
- 標本空間の要素を数に対応させるルール（関数）を確率変数という．
- 独立に同一の分布に従う n 個の確率変数の組をサンプルという．
- データとは確率変数（サンプル）の実現値である．
- 現実に観察したデータは，観察不可能な真の分布から生成される，と仮定する．

[*9] 「p 値が有意水準を下回る」というパラメータの検定結果を現実の変数間関係の経験的証拠として採用できるのは，想定した確率モデル（やそこから導出した予測分布）が真の分布に一致する場合に限ります．アメリカ統計学会は統計学を応用する研究者の多くが，p 値を正しく理解していないことを危惧して声明を発表しました (Wasserstein & Lazar 2016)．

第2章

確率モデルと最尤法

イントロダクションでは，ある個人が保険に加入するかどうかを説明する単純な意思決定モデルを考えました．現実には保険に加入する人もいれば加入しない人もいます．本章では，集団における個人ごとの行為の違いを，確率モデルで表現し，データから真の分布に関する情報を推測する方法を紹介します．

統計的推測にはさまざまな手法がありますが，本書では主に最尤法とベイズ推測を解説します．この2つの推測方法は，対立するものではなく，データから真の分布を推測する際の数学的な仮定の違いによって区別された方法にすぎません．したがって無条件に最尤法がベイズ推測よりも優れているとか，またその逆にベイズ推測が最尤法よりも優れている，ということはありません．それぞれの手法を適切に使い分けるために，まずは数学的仮定と特徴の違いを理解しましょう．

2.1 確率モデル

いま携帯電話販売店から10人分の保険加入に関するデータ（サンプルの実現値）をランダム・サンプリングによって入手したとします（表2.1）.

表 2.1 10人分の保険加入記録データ

個人	1	2	3	4	5	6	7	8	9	10
行動	0	1	0	0	0	0	1	0	0	0

《0》は未加入を，《1》は加入を表しています．この数値をサンプル（n 個
の確率変数）$Y_1, Y_2, \ldots, Y_n$ の実現値

$$y_1, y_2, \ldots, y_n$$

であるとみなします（以下，$n = 10$ と考えてください）．Y_i は個人 i の行動
を表す確率変数です．$Y_1, Y_2, \ldots, Y_n$ は添え字が異なるだけで，すべて同じ
確率分布に独立に従うと仮定します（独立の定義は 18 ページ参照）．この
《独立で同じ分布に従う》仮定を i.i.d. と呼びました．いま各 Y_i がベルヌー
イ分布 Bernoulli(q) に従うと仮定します．これを記号

$$Y_i \sim \text{Bernoulli}(q), \quad i = 1, 2, \ldots, n$$

で表し「$Y_1, Y_2, \ldots, Y_n$ のすべてが同じ分布 Bernoulli(q) に従う」と読みま
す．データは未知の真の分布 $q(x)$ から生成されたが，真の分布はわからな
いので，その候補として分析者がベルヌーイ分布を仮定した，という意味
です．このときベルヌーイ分布を**確率モデル**（probabilistic model）と呼び
ます．

　確率モデルは，サンプルの実現値はこの確率分布から生成されただろう，
という仮定を表しています．確率モデルはあくまで仮定なので，そこから得
た推論が真の分布について常に成立するわけではありません．確率モデルを
サンプルの実現値をあてはめて，現象の理解と予測を促す一連の手続きを**統
計モデリング**（statistical modeling）と呼びます (松浦 2016).[*1]

　統計的推測では，サンプルの実現値は（原理的には知りえない）真の分布
$q(x)$ によって生成されたと考えます．私たちの想定した確率モデルが真の
分布に近いかどうかを確かめるには，確率モデルのパラメータをデータから
推定し，そのパラメータを用いて予測分布をつくり，どの程度データを予測
できるのかを調べる必要があります．

　次節では，観察した保険加入行動のデータを使って，仮定したベルヌーイ
分布（確率モデル）がなるべくデータにフィットするようなパラメータ q を
推定します．その方法の 1 つが最尤法です．

[*1] 統計モデルは，数理モデルの一種で
- 観察によってデータ化された現象を説明するためにつくられる．
- データ内のばらつきを表現するため，確率分布を基本部品として使う．
- データとモデルを対応づける方法により，モデルのあてはまりを定量的に評価できる
  という特徴をもっています (久保 2012: 2).

2.2 最 尤 法

2.2.1 尤 度 関 数

ベルヌーイ分布の確率質量関数は

$$P(Y = y) = q^y(1-q)^{1-y}$$

でしたから，独立なサンプルの実現値の同時確率は

$$
\begin{aligned}
p(y^n) &= p(y_1, y_2, \ldots, y_n) \\
&= p(y_1)p(y_2)\cdots p(y_n) \qquad \text{独立性の定義より} \\
&= q^{y_1}(1-q)^{1-y_1} \times q^{y_2}(1-q)^{1-y_2} \times \cdots \times q^{y_n}(1-q)^{1-y_n}
\end{aligned}
$$

です．ここで表 2.1 のサンプルの実現値

$$
\begin{aligned}
y^n &= (y_1, y_2, \ldots, y_n) \\
&= \underbrace{(0, 1, 0, 0, 0, 0, 1, 0, 0, 0)}_{\text{このなかには 1 が 2 個ある}}
\end{aligned}
$$

を同時確率関数 $p(y^n)$ に代入すると次を得ます．

$$
\begin{aligned}
p(y^n) &= q^{y_1}(1-q)^{1-y_1} \times q^{y_2}(1-q)^{1-y_2} \times \cdots \times q^{y_n}(1-q)^{1-y_n} \\
&= q^0(1-q)^{1-0} \times q^1(1-q)^{1-1} \times \cdots \times q^0(1-q)^{1-0} \\
&= q^2(1-q)^8.
\end{aligned}
$$

このように，同時確率関数 $p(y^n)$ は実現値 $(0, 1, 0, \ldots, 0)$ を代入することでパラメータ q だけの関数 $q^2(1-q)^8$ になりました．これを**尤度関数**（likelihood function）と呼びます[2]．尤度関数と同時確率関数は，式としては同じです．パラメータ q を固定して実現値 $y^n = (y_1, y_2, \ldots, y_n)$ の関数

$$p(y^n \mid q)$$

として見た場合には，同時確率関数と呼びます[3]．

---

[2] 犬に似ていますが，犬ではありません．《ゆうど》と読みます．

[3] ここで $p(y^n \mid q)$ の《|》は条件付き確率の条件部分を表す記号で，《|》の右側が条件を示しています．

2.2 最　尤　法

一方，実現値 y^n を固定してパラメータ q の関数

$$L(q\,|\,y^n)$$

として見た場合には尤度関数と呼びます．以降，尤度関数であることを強調するために，尤度（likelihood）の L を使い，$L(q|y^n)$ と書くことにします．

データから確率モデルのパラメータ q を推定する方法を考えてみましょう．例として，データにフィットする q の候補に 0.3 と 0.4 のどちらがよいかを比べてみます．データ $(y_1, y_2, \ldots, y_n)$ が与えられたという条件のもとで，尤度関数

$$L(q|y^n) = q^2(1-q)^8$$

の値を計算します．まず $q = 0.3$ の場合は

$$\begin{aligned} L(0.3|y^n) &= 0.3^2(1-0.3)^8 \\ &\approx 0.00518832 \end{aligned}$$

です．次に $q = 0.4$ の場合を計算すると

$$\begin{aligned} L(0.4|y^n) &= 0.4^2(1-0.4)^8 \\ &\approx 0.00268739 \end{aligned}$$

です．以上の計算結果を比較すると，

$$L(0.3|y^n) > L(0.4|y^n)$$

です．これは直感的には，$q = 0.3$ を仮定した場合にサンプルの実現値 $(y_1, y_2, \ldots, y_n)$ を得る同時確率が，$q = 0.4$ を仮定した場合の同時確率よりも大きい，という意味です．よって，データにフィットする確率モデルのパラメータの候補として 0.4 よりも 0.3 がよさそうだ，と判断できます．

与えられたデータのもとで尤度関数がなるべく大きくなるパラメータを探す方法を一般的に考えてみましょう．尤度関数 $L(q|y^n) = q^2(1-q)^8$ のグラフを $0 \leq q \leq 1$ の範囲で描いてみます．図 2.1 より $q = 0.2$ のあたりで尤度関数が最大になりそうだと予想できます．

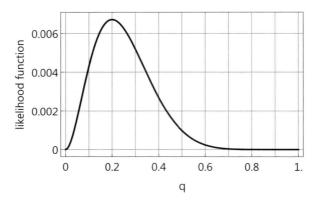

図 2.1 尤度関数 $L(q|y^n) = q^2(1-q)^8$ のグラフ

　関数がどの点で最大になっているかを調べるための便利な方法が微分です．尤度関数を q で微分して，q がどの値のとき尤度関数が最大になるかを調べます．対数をとっても最大点[*4]の位置は変わらないので，

$$\log L(q\,|\,y^n) = 2\log q + 8\log(1-q)$$

とおいて，関数 $\log L(q\,|\,y^n)$ を q で微分します．

$$\begin{aligned}\frac{d}{dq}\log L(q\,|\,y^n) &= 2\cdot\frac{1}{q} + 8\cdot\frac{1}{1-q}\cdot -1 \\ &= \frac{2(1-q)-8q}{q(1-q)} = \frac{2(1-5q)}{q(1-q)}.\end{aligned}$$

ここで合成関数の微分

$$\frac{d}{dq}\log(1-q) = \frac{1}{1-q}\cdot(-1) = -\frac{1}{1-q}$$

を使いました．尤度関数が極値をもつ必要条件は

$$\frac{2(1-5q)}{q(1-q)} = 0$$

なので，q について解けば $q = 0.2$ を得ます（図 2.1 より $[0,1]$ の範囲内で $q = 0.2$ が最大点とわかります）．このように尤度関数 $L(q\,|\,y^n)$ が最大

[*4] **最大点**（maximizer, maximizing point）とは関数 $f(x)$ の**最大値**（maximum）を与える x の値です．対数をとると関数の最大値は変化しますが，最大点は変わりません．したがって，ここでは計算の簡略化のために対数をとってから微分することにします．

となるようにパラメータを推定する方法を**最尤法**（maximum likelihood estimation）といいます．そして尤度関数を最大にするパラメータ

$$\hat{q} = \arg \max_{q} L(q \,|\, y^n)$$

を**最尤推定値**（maximum likelihood estimate）と呼びます[*5]．この例では $\hat{q} = 0.2$ が最尤推定値です．

2.2.2　確率変数としての最尤推定量

以上の具体例をふまえて，最尤法を一般的に定義します．まずサンプル（確率変数）$Y_1, Y_2, \ldots, Y_n$ の同時確率密度関数を

$$f(y_1, y_2, \ldots, y_n \,|\, \theta)$$

とおきます．サンプルの実現値 $y_1, y_2, \ldots, y_n$ が与えられたとき，同時確率密度関数を θ の関数とみなした

$$L(\theta \,|\, y_1, y_2, \ldots, y_n)$$

を尤度関数といいます．尤度関数にサンプルの実現値を代入すると，関数の独立変数として θ だけが残ります．図 2.1 で示したように，パラメータの値が変わると，尤度関数の値も変わります．尤度関数の値が大きいことは，直感的には実現する確率が大きい確率モデルから，データが観察されたことを意味します．したがって尤度関数が大きい確率モデルのほうが，観察データを記述するモデルとして妥当だろうと考えることができます．

このように，最尤法の背後には「未知のパラメータの値は，現に観察したデータを高確率で出現させるような値だろう」という考えがあります (鹿野 2015: 248)．

[*5] $\arg \max L(q)$ は関数 $L(q)$ を最大化する q のことです．関数 $L(q)$ の最大値 $\max L(q)$ とは異なるので注意してください．arg は argument（引数）の省略で，《引数》とは関数に代入すべき変数のことです．この場合，関数 $L(q)$ の引数とは変数 q を意味します．したがって $\arg \max L(q)$ は《関数 $L(q)$ を最大化する引数 q》を意味します．

> **定義 8** (実現可能). $S \subset \mathbb{R}^d$ をパラメータがとりうる値の集合とする. ある $\theta \in S$ により $q(x) = p(x|\theta)$ となるとき, 真の分布 $q(x)$ は確率モデル $p(x|\theta)$ により**実現可能** (realizable) であるという.

確率モデルのパラメータをうまく選ぶと確率モデルと真の分布が一致するとき, 真の分布は実現可能といいます (渡辺 2012: 30). 最尤法を使う場合は真の分布が実現可能であると通常は仮定します. しかし, 最尤法によって, 真の分布が実現できるとは限らないので, 注意が必要です.

前節の例で示したように, 最尤推定値 $\hat{\theta}$ を特定のサンプルの実現値のもとで計算した結果は定数なので, 確率的なゆらぎはありません. ここで, 尤度関数に含まれるサンプルの実現値 $y_1, y_2, \ldots, y_n$ を確率変数 $Y_1, Y_2, \ldots, Y_n$ に置きかえて, 確率変数としての最尤推定量を定義します.

> **定義 9** (最尤推定量). 尤度関数 $L(\theta \,|\, Y_1, Y_2, \ldots, Y_n)$ を最大化する $\hat{\Theta}$ を**最尤推定量** (maximum likelihood estimator) という. すなわち
>
> $$\hat{\Theta} = \arg\max_{\theta} L(\theta \,|\, Y^n)$$
>
> を満たす確率変数 $\hat{\Theta}$ を最尤推定量と呼ぶ. 最尤推定量はサンプル Y^n の関数である.
>
> $$\hat{\Theta} = f(Y^n)$$

《最尤推定値》は確率変数の実現値ですが, 《最尤推定量》は確率変数です[6]. 推定量はパラメータを推定する計算の方法を定めます.

《最尤推定量》が確率変数であることを理解するために, ベルヌーイ分布を使った例で説明します. n 個のサンプル $Y_1, Y_2, \ldots, Y_n$ が独立にベルヌーイ分布 Bernoulli(q) に従うと仮定します. サンプル $Y_1, Y_2, \ldots, Y_n$ の同時確

---

[6] 真の分布が実現可能で確率モデルに対して正則ならば, 最尤推定量 $\hat{\Theta}$ は $n \to \infty$ のとき, 真のパラメータ θ_0 に確率収束します. 任意の $\varepsilon(>0)$ に対して

$$\lim_{n \to \infty} P(|\hat{\Theta} - \theta_0| > \varepsilon) = 0.$$

このことを最尤推定量は一致性をもつ, といいます. また最尤推定量は $n \to \infty$ のとき, 漸近的に正規分布に近づきます. このことを, 最尤推定量は漸近正規性をもつといいます. 詳細は小西・北川 (2004) を参照してください.

率質量関数は

$$p(y^n \mid q) = q^{y_1}(1-q)^{1-y_1} \times q^{y_2}(1-q)^{1-y_2} \times \cdots \times q^{y_n}(1-q)^{1-y_n}$$
$$= q^{\sum_{i=1}^{n} y_i}(1-q)^{n-\sum_{i=1}^{n} y_i}$$

なので，尤度関数は

$$L(q \mid y^n) = q^{\sum_{i=1}^{n} y_i}(1-q)^{n-\sum_{i=1}^{n} y_i}$$

です．実現値 $y_1, y_2, \ldots, y_n$ を確率変数 $Y_1, Y_2, \ldots, Y_n$ に置きかえれば

$$L(q \mid Y^n) = q^{\sum_{i=1}^{n} Y_i}(1-q)^{n-\sum_{i=1}^{n} Y_i}$$

です．

次に微分しやすいように，対数をとります．

$$\log L(q \mid Y^n) = \sum_{i=1}^{n} Y_i \log q + \left(n - \sum_{i=1}^{n} Y_i\right) \log(1-q)$$

これを**対数尤度関数**と呼びます．そして $\log L(q \mid Y^n)$ を q で微分します．

$$\frac{d \log L(q \mid Y^n)}{dq} = \left(\sum_{i=1}^{n} Y_i\right) \frac{1}{q} - \left(n - \sum_{i=1}^{n} Y_i\right) \frac{1}{1-q}$$

次に $d \log L(q \mid Y^n)/dq = 0$ とおいて，$L(q \mid Y^n)$ を最大化する q を求めて みましょう．計算を簡略化するために $S_n = \sum_{i=1}^{n} Y_i$ とおきます[*7]．

$$\frac{d \log L(q \mid Y^n)}{dq} = 0 \qquad \text{尤度関数の導関数を 0 とおく}$$

$$\left(\sum_{i=1}^{n} Y_i\right) \frac{1}{q} - \left(n - \sum_{i=1}^{n} Y_i\right) \frac{1}{1-q} = 0 \qquad \text{導関数を明示的に書く}$$

$$S_n \frac{1}{q} - (n - S_n) \frac{1}{1-q} = 0 \qquad S_n = \sum_{i=1}^{n} Y_i \text{ を使う}$$

$$(1-q)(S_n) - q(n - S_n) = 0 \qquad \text{両辺に } q(1-q) \text{ をかける}$$

[*7] 対数尤度関数の 2 階導関数は

$$\frac{d^2 \log L(q \mid Y^n)}{dq^2} = -\frac{\sum Y_i}{q^2} - \frac{n - \sum Y_i}{(1-q)^2} < 0$$

なので，極値が極大値であることがわかります．

$$S_n - (S_n)q - nq + (S_n)q = 0$$
$$nq = S_n$$
$$q = \frac{S_n}{n}$$

以上の結果からベルヌーイ分布の最尤推定量 $\hat{\Theta}$ は

$$\hat{\Theta} = \frac{S_n}{n} = \frac{Y_1 + Y_2 + \cdots + Y_n}{n} = \bar{Y}$$

です．右辺を見ると $\hat{\Theta}$ が確率変数 Y^n の関数であることがわかります．

2.3 最尤法のもとでの予測分布

最尤推定値を代入した確率モデル（確率密度関数または確率質量関数）を，最尤法の予測分布といいます．すなわち最尤推定値

$$\hat{\theta} = \arg\max_{\theta} L(\theta \,|\, y^n)$$

を確率モデル $p(y \,|\, \theta)$ のパラメータに代入した

$$p(y \,|\, \hat{\theta})$$

が最尤法の予測分布です．

たとえば「10 人中 2 人が保険に加入した」という観察結果から，このようなサンプルの実現値を生み出す確率分布がベルヌーイ分布であると仮定すると，最尤推定値は $\hat{q} = 0.2$ となり，予測分布はこの値をベルヌーイ分布の確率質量関数に代入した

$$p(y \,|\, \hat{\theta} = 0.2) = 0.2^y 0.8^{1-y}$$

です．ゆえに観察した 10 人のデータから，次に来る 11 人目の行動を最尤推定で予測すると，$Y = 1$ となる確率が 0.2 で $Y = 0$ となる確率が 0.8 であると推測できます．

人気のないブログ

別の例を使って，最尤推定値から予測分布を導出してみましょう．ここに，あまり人気のないブログがあるとします．ブログへのアクセス人数を

30 日間集計したところ，次の結果を得ました[*8]．

$x^n = (3, 1, 3, 1, 2, 4, 4, 5, 5, 3, 1, 8, 0, 1, 0, 2, 2, 2, 5, 3, 2, 1, 3, 1, 2, 2, 5, 2, 3, 2)$

アクセス数にはばらつきがあり，最大で 1 日 8 人，最小で 0 人の訪問があります．このデータを人数別に集計して，図 2.2 のような確率分布を得ました．

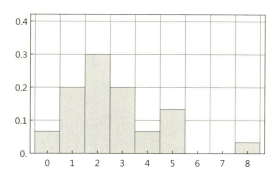

図 2.2 ブログのアクセス数（横軸はアクセス人数，縦軸は相対度数）

図 2.2 のグラフは横軸が人数になっている点に注意してください．ここで，アクセス人数のデータを生成する確率モデルとしてポアソン分布を仮定します（5.3 節参照）．その確率質量関数は

$$\mathrm{Poisson}(x|\lambda) = \frac{\lambda^x}{x!} e^{-\lambda}$$

です．データ $(x_1, x_2, \ldots, x_n)$ を観測した場合の尤度関数は

$$L(\lambda|x^n) = \frac{\lambda^{x_1}}{x_1!} e^{-\lambda} \times \frac{\lambda^{x_2}}{x_2!} e^{-\lambda} \times \cdots \times \frac{\lambda^{x_n}}{x_n!} e^{-\lambda} = \prod_{i=1}^{n} \frac{\lambda^{x_i}}{x_i!} e^{-\lambda}$$

です．対数をとれば，積の対数の性質より

$$\log L(\lambda|x^n) = \log \left(\prod_{i=1}^{n} \frac{\lambda^{x_i}}{x_i!} e^{-\lambda} \right) = \sum_{i=1}^{n} \log \frac{\lambda^{x_i}}{x_i!} e^{-\lambda}$$

$$= \sum_{i=1}^{n} (x_i \log \lambda - \lambda - \log x_i!)$$

[*8] この人気のないブログは仮想例であり，けっして著者のブログではありません．人気がなくてかわいそうだからといって，探してアクセスしないでください．

$$= \left(\sum x_i\right) \log \lambda - n\lambda - \sum \log x_i!$$

です．次に対数尤度関数を λ で微分します．

$$\frac{d \log L(\lambda|x^n)}{\lambda} = \frac{\sum x_i}{\lambda} - n$$

導関数を 0 とおいて，最大点を探します．

$$\frac{\sum x_i}{\lambda} - n = 0 \iff \lambda = \frac{\sum x_i}{n}$$

第 2 次導関数は

$$\frac{d^2 \log L(\lambda|x^n)}{\lambda^2} = -\sum x_i \frac{1}{\lambda^2} < 0$$

なので，$\lambda = \frac{\sum x_i}{n}$ で対数尤度関数が最大化するとわかります．

上記のブログアクセスデータを使って最尤推定値を計算すると，

$$\hat{\lambda} = \sum_{i=1}^{n} \frac{x_i}{n} = \frac{78}{30} = 2.6$$

でした．ゆえにこのデータの場合，最尤法に基づく予測分布 $p(x|\hat{\lambda})$ は

$$p(x|2.6) = \frac{2.6^x}{x!} e^{-2.6}$$

です．予測分布とデータを重ねてみましょう．

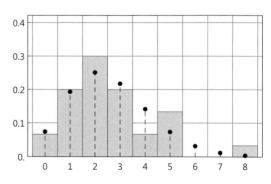

図 2.3 ブログのアクセスデータと予測分布

図 2.3 の ● が予測分布です．データと重なる部分もあれば，ずれている部分もあることがわかります．

この例のデータは，実は平均 3 のポアソン分布が真の分布であると仮定し，コンピュータでランダムに発生させた数値を使っています．ですから正しいパラメータは $\lambda = 3$ なので，最尤推定値 $\hat{\lambda} = 2.6$ は，やや小さめの推定結果です．このように正解の真の分布から実現値を発生させてパラメータを推測する手法を，パラメータリカバリと呼びました．

真の分布（平均 3 のポアソン分布）を知らなければ，データから推定した $\hat{\lambda} = 2.6$ が過小であったと気づくことはできません．実際にデータを使って推定する場合，このようなずれの発生に注意すべきでしょう．

データが十分に多く，かつ真の分布が実現可能であれば，適切な確率モデルのもとで最尤推定値は真のパラメータに近づきます．しかしかりに真の分布からデータが生成されたとしても，実現値にはばらつきがあります．そのためサンプルサイズが小さいと，最尤推定したパラメータは真のパラメータからずれる可能性があります．このように，1 回限りの推定結果は，たまたま得たデータに依存するので注意しなくてはなりません．

たまたま得たデータに過剰にモデルを適合させてしまうことを**オーバーフィッティング**（overfitting）あるいは過学習といいます．最尤法ではオーバーフィッティングがしばしば問題となりますが，次の章で紹介するベイズ推定には，オーバーフィッティングしにくいという特徴があります．

まとめ

- 未知の真の分布に対して研究者が想定した仮の分布を確率モデルという．
- 確率モデルのパラメータをうまく選ぶと確率モデルと真の分布が一致するとき，真の分布は実現可能という．
- 確率モデルの同時確率関数を実現値を固定してパラメータの関数としてみたものを尤度関数という．
- 尤度関数が最大になるようにパラメータを推定する方法を最尤法という．

第 3 章

確率モデルとベイズ推測

　本章では確率モデルに基づくベイズ推測を説明します．最尤法に必要な道具は確率モデルと最尤推定量だけでしたが，ベイズ推測には《確率モデル》，《パラメータの事前分布》，《事後分布》の 3 つが必要です．

3.1　同時分布と条件付き確率

　2 つの確率変数 X と Y があるとき，(X, Y) を 1 組の確率変数と考えます．確率変数 (X, Y) の確率密度関数が $p(x, y)$ であるとき，これを**同時確率分布**といいます．同時確率分布から片方の変数を積分によって消去することで得る確率分布（確率密度関数）を**周辺確率分布**（marginal probability distribution）といい

$$p(x) = \int p(x, y) dy, \qquad p(y) = \int p(x, y) dx$$

によって定義します．$p(x)$ は X の確率分布で，$p(y)$ は Y の確率分布です．X が与えられたときの Y の条件付き確率分布を

$$p(y|x) = \frac{p(x, y)}{p(x)}$$

と定義します．$p(y|x)$ は X を条件とする Y の条件付き確率分布です．$p(y|x)$ は Y の確率分布なので y について積分すると 1 です．確認してみましょう．

$$\int p(y|x) dy = \int \frac{p(x, y)}{p(x)} dy \qquad \text{条件付き確率分布の定義}$$

$$= \frac{1}{p(x)} \int p(x,y)dy \quad \text{積分の外に } p(x) \text{ を出す}$$

$$= \frac{1}{p(x)} p(x) = 1. \qquad \text{周辺分布の定義より}$$

同様に，Y が与えられたときの X の条件付き確率分布も

$$p(x|y) = \frac{p(x,y)}{p(y)}$$

と定義できます．以上の定義から，同時確率分布と条件付き確率分布に関して次の関係

$$p(x,y) = p(y|x)p(x) = p(x|y)p(y)$$

が成り立ちます．同時確率分布が

$$p(x,y) = p(x)p(y)$$

を満たすとき，確率変数 X と Y は独立であると定義しました（19 ページ）．ここから変形して X, Y が独立ならば

$$p(x|y) = \frac{p(x)p(y)}{p(y)} = p(x)$$

$$p(y|x) = \frac{p(x)p(y)}{p(x)} = p(y)$$

がいえます．つまり独立性は，条件付き確率を考えても，条件の値が影響しないことを意味します．

　ベイズ推測にはパラメータ θ が与えられたときの X の条件付き確率分布 $p(x|\theta)$ と θ の確率分布 $\varphi(\theta)$ が必要です．$p(x|\theta)$ を**確率モデル**（probabilistic model）といい，$\varphi(\theta)$ を**事前分布**（prior distribution）といいます．

$$p(x|\theta) : \text{確率モデル}, \qquad \varphi(\theta) : \text{事前分布}$$

　$p(x|\theta)$ はパラメータが θ である確率変数 X の確率密度関数です．$\varphi(\theta)$ はパラメータ θ の確率密度関数です．このとき確率モデルは真の分布と一致している必要はありません．パラメータについて分析者が情報をもっている場合はそれを事前分布に反映させることができます[*1]．

[*1] 事前分布について特に情報がない場合は，十分に幅の広い一様分布や十分に分散の大きな正規分布を使います．これらの事前分布を無情報事前分布と呼びます．

38　　　　　　　　　　　3.　確率モデルとベイズ推測

例 8. 確率モデル $p(x|\theta)$ を正規分布の確率密度関数 $\mathrm{Normal}(x|\mu,\sigma)$ とおきます. パラメータ $\theta = (\mu, \sigma)$ の事前分布として $\varphi(\theta) = \varphi(\mu, \sigma)$ という確率分布を考えることができます. □

3.2　事後分布

定義 10（事後分布）．パラメータ θ の**事後分布**（posterior distribution）を

$$p(\theta|x^n) = \frac{1}{Z_n} \prod_{i=1}^{n} p(x_i|\theta)\varphi(\theta)$$

と定義する．ただし Z_n の定義は，

$$Z_n = \int_S \prod_{i=1}^{n} p(x_i|\theta)\varphi(\theta)\,d\theta$$

であり，正規化のための定数である．ここで積分の範囲 S はパラメータ θ のとりうる範囲を表す（$\theta \in S$）．Z_n を**周辺尤度**（marginal likelihood）または**分配関数**（partition function）という．

　定義の意味を確認しておきましょう．条件付き確率分布の定義より

$$p(x|\theta) = \frac{p(x,\theta)}{\varphi(\theta)} \iff p(x,\theta) = p(x|\theta)\varphi(\theta) \tag{3.1}$$

です．θ の x による条件付き確率分布 $p(\theta|x)$ は

$$
\begin{aligned}
p(\theta|x) &= \frac{p(x,\theta)}{p(x)} = \frac{p(x|\theta)\varphi(\theta)}{p(x)} \quad &\text{式 (3.1) より}\\
&= \frac{p(x|\theta)\varphi(\theta)}{\displaystyle\int p(x,\theta)d\theta} \quad &\text{周辺分布の定義より}\\
&= \frac{p(x|\theta)\varphi(\theta)}{\displaystyle\int p(x|\theta)\varphi(\theta)d\theta} \quad &\text{式 (3.1) より}
\end{aligned}
$$

最後の形は，たしかに事後分布の定義と一致しています（一般化のために $p(x|\theta)$ の部分を n 次の同時確率 $\prod_{i=1}^{n} p(x_i|\theta)$ に置きかえます）.

3.2 事 後 分 布　　　　39

「Z_n が正規化定数である」とは，θ で事後分布 $p(\theta|x^n)$ を積分すると 1 に
なるよう調整する役目を果たす定数，という意味です．このことを計算に
よって確かめてみましょう．

$$
\begin{aligned}
\int p(\theta|x^n)d\theta &= \int \frac{1}{Z_n}\prod_{i=1}^{n}p(x_i|\theta)\varphi(\theta)d\theta \quad \text{事後分布の定義より}\\
&= \frac{1}{Z_n}\int \prod_{i=1}^{n}p(x_i|\theta)\varphi(\theta)d\theta \quad \text{Z_n を積分の外に出す}\\
&= \frac{\int \prod_{i=1}^{n}p(x_i|\theta)\varphi(\theta)d\theta}{Z_n} \quad \text{分子にのせる}\\
&= \frac{\int \prod_{i=1}^{n}p(x_i|\theta)\varphi(\theta)d\theta}{\int \prod_{i=1}^{n}p(x_i|\theta)\varphi(\theta)d\theta} \quad \text{周辺尤度の定義より}\\
&= 1 \quad \text{約分する}
\end{aligned}
$$

周辺尤度 Z_n は事後分布の正規化定数であり，かつ，サンプル（確率変数）

$$X^n = (X_1, X_2, \ldots, X_n)$$

の同時確率密度関数です．つまり Z_n を X^n の実現値 $(x_1, x_2, \ldots, x_n)$ の関
数だと考え，$(x_1, x_2, \ldots, x_n)$ で積分すると

$$
\begin{aligned}
&\iint \cdots \int Z_n dx_1 dx_2 \cdots dx_n\\
&= \iint \cdots \int \left(\int_S \prod_{i=1}^{n}p(x_i|\theta)\varphi(\theta)d\theta \right) dx_1 dx_2 \cdots dx_n \quad \text{Z_n の定義より}\\
&= \int_S \varphi(\theta)d\theta \left(\iint \cdots \int \prod_{i=1}^{n}p(x_i|\theta)dx_1 dx_2 \cdots dx_n \right)\\
&\hspace{6cm} \text{x_i を含まない項を積分の外に出す}\\
&= \int_S \varphi(\theta)d\theta \prod_{i=1}^{n}\left(\int p(x_i|\theta)dx_i \right) = \int_S \varphi(\theta)d\theta \cdot 1 = 1
\end{aligned}
$$

が成り立ちます．つまり周辺尤度 Z_n は確率モデルと事前分布の同時確率
からパラメータを積分によって消去した X^n の周辺分布です．周辺尤度 Z_n
は，確率モデル $p(x|\theta)$ と事前分布 $\varphi(\theta)$ の組が与えられたときの X^n の同時
確率密度関数とみなせます．

　周辺尤度 Z_n の値の大きさは，（確率モデルと事前分布を仮定した場合の）
サンプルの出現確率の大きさを表しています．ゆえに Z_n は「確率モデル

$p(x|\theta)$ と事前分布 $\varphi(\theta)$」 の組が，サンプル X^n を表現する適切さを表しています．このため周辺尤度 Z_n を，証拠（エビデンス）ともいいます[*2]．

3.3 予測分布

パラメータ θ の関数 $f(\theta)$ が与えられたとき，事後分布 $p(\theta|X^n)$ による関数 $f(\theta)$ の平均を

$$\mathbb{E}_{p(\theta|X^n)}[f(\theta)] = \int f(\theta)p(\theta|X^n)d\theta$$

と表記します．平均 $\mathbb{E}_{p(\theta|X^n)}[f(\theta)]$ は積分によりパラメータ θ が消えるので，パラメータの関数ではありません．しかしサンプル X^n に依存する事後分布で平均しているので，平均 $\mathbb{E}_{p(\theta|X^n)}[f(\theta)]$ はサンプルの実現値にともなって変動します．

定義 11 (予測分布)．事後分布により確率モデルを平均した

$$p^*(x) = \mathbb{E}_{p(\theta|X^n)}[p(x|\theta)] = \int p(x|\theta)p(\theta|X^n)d\theta$$

を**予測分布**（predictive distribution）という．

ベイズ推定に基づく予測分布は，確率モデルの事後分布による平均です．この期待値は，積分によって θ を消去し，残った変数である x の周辺分布を出力します．ですから出力結果は，x の確率分布となることに注意してください．ベイズ推測とは

真の分布 $q(x)$ は，おおよそ予測分布 $p^*(x)$ であろう

と推測することをいいます (渡辺 2012: 5)．

少し抽象的な定義が続いたので，次節では保険加入行動を題材に，ベイズ推測の具体的な計算例を確認しましょう．

[*2] 第 6 章と第 7 章では周辺尤度に着目して，モデルの妥当性を評価します．この評価基準を自由エネルギーといいます．

3.4 ベイズ推測の具体例

第 2 章で保険加入行動をベルヌーイ分布から生成したデータとみなし，最尤法でパラメータを推定しました．本節では同じデータ（表 2.1）を使い，ベイズ推定で予測分布を導出します．

まずデータが未知の真の分布から生成されたとして，仮の確率モデルとしてパラメータ q のベルヌーイ分布を仮定します．

$$Y_i \sim \mathrm{Bernoulli}(q), \quad i = 1, 2, \ldots, n$$

サンプルは i.i.d. です．ベルヌーイ分布の確率質量関数の定義は

$$P(Y = y) = q^y (1 - q)^{1-y}$$

でした．パラメータ q のもとで，データ $y^n = (y_1, y_2, \ldots, y_n)$ を観測する確率は n 人分の同時確率ですから

$$p(y^n|q) = \prod_{i=1}^{n} q^{y_i} (1 - q)^{1-y_i}$$

です．以上が確率モデルです[*3]．

3.4.1 事前分布の設定

パラメータ q の事前分布として，どのような確率分布が適当でしょうか．q は確率なので $q \in [0, 1]$ を満たします．したがって q の確率分布としては，実現値が $[0, 1]$ の区間に収まっているような分布が適切でしょう．

このような性質を満たす一般的な連続確率分布の 1 つがベータ分布です．そこで q の事前分布として $\mathrm{Beta}(a, b)$ を仮定します．ここで a, b はベータ分布のパラメータで，$a > 0$, $b > 0$ であるような実数です．

$$q \sim \mathrm{Beta}(a, b).$$

[*3] この同時関数をパラメータ q の関数として見たものが尤度関数 $L(q|y^n)$ でした (第 2 章参照)．ここまでは最尤法と同じです．

ベータ分布 $\mathrm{Beta}(a, b)$ の確率密度関数 $\varphi(q)$ は

$$\varphi(q) = \frac{1}{\mathrm{B}(a, b)} q^{a-1}(1-q)^{b-1}$$

です（5.7 節も参照）．$\mathrm{B}(a, b)$ はベータ関数と呼ばれる定数で，定義は次のとおりです．

$$\mathrm{B}(a, b) = \int_0^1 x^{a-1}(1-x)^{b-1} dx.$$

3.4.2 事後分布の導出

データ y^n を観察した後の q の分布，すなわち q の事後分布は定義より

$$p(q|y^n) = \frac{1}{Z_n} p(y^n|q)\varphi(q)$$
$$= \frac{1}{Z_n} \left(\prod_{i=1}^n q^{y_i}(1-q)^{1-y_i} \right) \varphi(q)$$

です．事前分布 $\varphi(q)$ としてベータ分布の確率密度関数を代入すると

$$\frac{1}{Z_n} \left(\prod_{i=1}^n q^{y_i}(1-q)^{1-y_i} \right) \varphi(q)$$
$$= \frac{1}{Z_n} \left(\prod_{i=1}^n q^{y_i}(1-q)^{1-y_i} \right) \underbrace{\frac{q^{a-1}(1-q)^{b-1}}{\mathrm{B}(a, b)}}_{\text{ベータ分布の確率密度関数}}$$
$$= \frac{1}{Z_n} \left(q^{\sum y_i}(1-q)^{n-\sum y_i} \right) \frac{q^{a-1}(1-q)^{b-1}}{\mathrm{B}(a, b)}$$
$$= \frac{1}{Z_n \cdot \mathrm{B}(a, b)} q^{\sum y_i + a - 1}(1-q)^{n - \sum y_i + b - 1}$$

です．以下，$\sum y_i$ はすべて $\sum_{i=1}^n y_i$ の省略です．

$Z_n \cdot \mathrm{B}(a, b)$ を明示的に書けば

$$Z_n \cdot \mathrm{B}(a, b) = \left(\int_0^1 q^{\sum y_i}(1-q)^{n-\sum y_i} \frac{q^{a-1}(1-q)^{b-1}}{\mathrm{B}(a, b)} dq \right) \cdot \mathrm{B}(a, b)$$
$$= \int_0^1 q^{\sum y_i + a - 1}(1-q)^{n - \sum y_i + b - 1} dq \cdot \frac{\mathrm{B}(a, b)}{\mathrm{B}(a, b)}$$

$$= \int_0^1 q^{\sum y_i + a - 1}(1-q)^{b+n-\sum y_i - 1}dq$$

$$= \mathrm{B}\left(a + \sum y_i, b + n - \sum y_i\right) \quad \text{ベータ関数の定義より}$$

です．ゆえに事後分布 $p(q|y^n)$ は，パラメータを $a + \sum y_i, b + n - \sum y_i$ とするベータ分布の確率密度関数

$$\frac{q^{\sum y_i + a - 1}(1-q)^{n-\sum y_i + b - 1}}{\mathrm{B}(a + \sum y_i, b + n - \sum y_i)}$$

と一致します．つまり q の事前分布としてベータ分布 Beta(a,b) を仮定すると，q の事後分布 $p(q|y^n)$ もまた，（パラメータは違いますが同じ種類の）ベータ分布

$$\mathrm{Beta}\left(a + \sum_{i=1}^n y_i, b + n - \sum_{i=1}^n y_i\right)$$

になることが示されました．事後分布のパラメータをよく見ると，

$$a + \sum_{i=1}^n y_i$$

は，a にデータ 1 の出現回数 $\sum y_i$ を足した値であり，

$$b + n - \sum_{i=1}^n y_i$$

は，b にデータ 0 の出現回数 $n - \sum y_i$ を足した値です．

いま私たちが単純な計算で示したことは，確率モデル（ベルヌーイ分布）の事前分布としてベータ分布を仮定したら，パラメータ q の事後分布が（また）ベータ分布になった，という結果です．

このように，事前分布 $\varphi(\theta)$ と事後分布 $p(\theta|x^n)$ が同じ種類の確率分布になるよう設定した事前分布を**共役事前分布** (conjugate prior distribution) といいます．共役事前分布を設定した場合，問題を解析的に解くことができ，事後分布を明示的な関数として導出できます[*4]．

[*4] その他の確率モデルの共役事前分布を使った事後分布の計算例として，須山 (2017) が参考になります．一般には，適切な事前分布を選ばないと，周辺尤度や事後分布を陽表的に導出できません．第 4 章では事後分布が解析的に解けない場合の計算方法の 1 つとして MCMC を紹介します．

3.4.3 事後分布の具体例

表 2.1 のデータを使って,事後分布の具体例を示します.

表 3.1 10 人分の保険加入記録データ(表 2.1 再掲)

個人	y_1	y_2	y_3	y_4	y_5	y_6	y_7	y_8	y_9	y_{10}
行動	0	1	0	0	0	0	1	0	0	0

このデータから $n = 10$, $\sum_{i=1}^{n} y_i = 2$ です.事前分布 $\text{Beta}(a, b)$ のパラメータとして $a = 1$, $b = 1$ を仮定します(このときベータ分布は一様分布に一致します).すると q の事後分布はサンプルの実現値 y^n のもとで

$$
\begin{aligned}
&\text{Beta}\left(a + \sum y_i,\ b + n - \sum y_i\right) \\
&= \text{Beta}\left(1 + \sum y_i,\ 1 + n - \sum y_i\right) \quad a = 1,\ b = 1 \text{ を代入} \\
&= \text{Beta}(1 + 2, 1 + 10 - 2) \quad\quad\quad n = 10,\ \sum y_i = 2 \text{ を代入} \\
&= \text{Beta}(3, 9)
\end{aligned}
$$

です.q の事後確率分布であるベータ分布 $\text{Beta}(3, 9)$ をグラフで確認します(図 3.1).

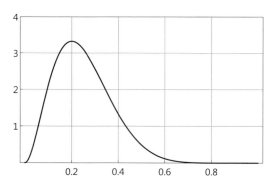

図 3.1 $\text{Beta}(3, 9)$ の確率密度関数(q の事後分布)

10 人中 2 人が加入した,というデータから q の事後分布は 0.2 を最頻値とする分布であることが予想できました.ちなみに最尤法を使った場合,パ

ラメータの最尤推定値は $2/10 = 0.2$ でした.

3.4.4 保険加入行動の予測分布

n 人の加入行動データ $y_1, y_2, \ldots, y_n$ を得た後の,次の $n+1$ 人目の行動を予測してみましょう.予測分布の定義より,次の行動 $y \in \{0,1\}$ の予測分布は

$$p^*(y) = \int_0^1 \underbrace{p(y|q)}_{\text{確率モデル}} \underbrace{p(q|y^n)}_{\text{事後分布}} dq$$

です.計算の簡略化のため,事後分布を次の記号 α, β を用いて表します.

$$\alpha = a + \sum y_i, \quad \beta = b + n - \sum y_i$$
$$\text{Beta}\left(a + \sum y_i, \ b + n - \sum y_i\right) = \text{Beta}(\alpha, \beta)$$

$Y = 1$ となる予測確率 $p^*(y)$ は,

$$
\begin{aligned}
p^*(y) &= p^*(1) && y \text{ に } 1 \text{ を代入}\\
&= \int_0^1 P(Y=1) \cdot p(q|y^n) dq && \text{予測分布の定義}\\
&= \int_0^1 q \cdot p(q|y^n) dq && \text{ベルヌーイ分布より}\\
&= \int_0^1 q \cdot \frac{q^{\alpha-1}(1-q)^{\beta-1}}{\text{B}(\alpha, \beta)} dq && \text{事後分布を代入}\\
&= \int_0^1 \frac{q^{\alpha-1+1}(1-q)^{\beta-1}}{\text{B}(\alpha, \beta)} dq && q \text{ の指数をまとめる}\\
&= \frac{\text{B}(\alpha+1, \beta)}{\text{B}(\alpha, \beta)} && \text{ベータ関数の定義より}\\
&= \frac{\alpha}{\alpha+\beta} \frac{\text{B}(\alpha, \beta)}{\text{B}(\alpha, \beta)} && \text{ベータ関数の性質より}\\
&= \frac{\alpha}{\alpha+\beta}
\end{aligned}
$$

最後に α, β を a, b を使った表示に戻せば

$$\frac{\alpha}{\alpha+\beta} = \frac{a + \sum y_i}{a+b+n}$$

です[*5]. つまり，予測加入確率は事後分布 $\mathrm{Beta}(a + \sum y_i, b + n - \sum y_i)$ の期待値である

$$\frac{a + \sum y_i}{a + b + n}$$

に一致します．なお事後分布の平均値を **EAP 推定値**と呼びます（131 ページ参照）．

同様に，加入しない $(Y = 0)$ となる予測確率 $p^*(y)$ を計算すると，

$$p^*(y) = p^*(0) = \frac{b + n - \sum y_i}{a + b + n}$$

です．まとめると，

$$P(Y_{n+1} = 1) = \frac{a + \sum y_i}{a + b + n}, \quad P(Y_{n+1} = 0) = 1 - \frac{a + \sum y_i}{a + b + n}$$

なので，ベイズ推測の結果として得た予測分布は，パラメータ q の事後分布の期待値 $(a + \sum y_i)/(a + b + n)$ をパラメータとするベルヌーイ分布とみなせます．つまり

$$Y_{n+1} \sim \mathrm{Bernoulli}\left(\frac{a + \sum y_i}{a + b + n}\right)$$

です．予測分布のパラメータを見ると，n と $\sum y_i$ の部分で観察したデータを反映していることがわかります．また n が大きくなると，事前分布のパラメータである a, b の影響は薄れて，だんだん $\frac{\sum y_i}{n}$ に近づくことがわかります．$\frac{\sum y_i}{n}$ は最尤法で推定した場合の最尤推定値ですから，この条件下ではベイズ推測が最尤法と整合的であることがわかります．

なお，データに基づいて具体的にパラメータの値を計算すると

$$\frac{a + \sum y_i}{a + b + n} = \frac{1 + 2}{1 + 1 + 10} = \frac{3}{12} = 0.25$$

より

$$Y_{n+1} \sim \mathrm{Bernoulli}(0.25)$$

です．

[*5] 途中で用いたベータ関数の次の性質は，部分積分から導けます．

$$\mathrm{B}(\alpha + 1, \beta) = \frac{\alpha}{\alpha + \beta} \mathrm{B}(\alpha, \beta).$$

まとめ

- ベイズ推測に必要な道具は，サンプルの確率モデル，パラメータの事前分布，パラメータの事後分布である．
- パラメータの事後分布は確率モデルと事前分布から計算する．ただし解析的に解けない場合がある．
- 事後分布を解析的に求めることができるような便利な事前分布を共役事前分布という．
- 事後分布による確率モデルの平均がベイズ推測の予測分布である．ベイズ推測とは，事後分布を使って計算した予測分布により，真の分布を推測することをいう．

第4章

MCMC

　前章までは最尤法や共役事前分布を利用したベイズ推定により，データを生み出す真の分布を推測しました．ここまでの例は微分が可能だったり，共役事前分布が仮定できるなど，比較的扱いやすい確率モデルを使ってきました．

　しかしながら現実の行動を説明するためのプロセスやメカニズムを確率モデルで表現すると，最尤法や共役事前分布などのシンプルな方法が使えないことがしばしばあります．

　そのようなとき，便利で汎用的な方法が MCMC です．MCMC は計算機を使った近似計算なので，複雑な確率モデルを仮定しても，パラメータの事後分布や予測分布を計算できる場合があります．

　本章では，私たちに確率モデルの作成の自由を与えてくれる MCMC のしくみを解説します．

4.1 ベルヌーイ試行の具体例

　コインを 10 回投げて，表を 1，裏を 0 とするデータ $(0, 1, 1, 1, 1, 0, 1, 1, 0, 1)$ を得たとしましょう．これらのデータはどのような分布から出てきたと考えられるでしょうか．ここでは，独立同分布のベルヌーイ分布を確率モデルとし，ベータ分布を事前分布としたベイズ統計モデルを構築し，ベルヌーイ分布のパラメータ q を推定します．パラメータ q は，1 回 1 回の試行で表が出る確率に対応します．

モデルの仮定を式で表すと以下のとおりです.

$$X_i \sim \mathrm{Bernoulli}(q), \quad i = 1, \ldots, 10$$
$$q \sim \mathrm{Beta}(a, b)$$

ところで,3.4.2 節で検討したように,ベルヌーイ分布の共役事前分布は
ベータ分布ですので,事後分布もベータ分布の形で解析的に求めることがで
きます.ですので,ここでもそうするのが手っ取り早いのですが,ここでは
あえて MCMC によって事後分布を導出してみたいと思います.

4.2 MCMC の導入

一般的に,解析的に事後分布を求める場合,サンプルの実現値 x^n を用い
て,周辺尤度

$$p(x^n) = \int_S p(x^n|\theta)\varphi(\theta)d\theta = \int_S \prod_{i=1}^n p(x_i|\theta)\varphi(\theta)d\theta$$

を求める必要があります.ただし,$\theta \in S \subset \mathbb{R}$ は事後分布を求める対象のパ
ラメータです.しかし,この周辺尤度を求めるためには,パラメータでの積
分が必要になり,とくにパラメータが複数ある場合には,多重積分が必要と
なり,解析的に解くことが困難になります.

ところで,周辺尤度そのものは,モデルを前提としたときのサンプル X^n
の確率(密度)関数ですが,サンプルの実現値(データ)x^n を投入した周辺
尤度は,実質的には定数とみなすことができます.つまり,事後分布の形状
は分子だけで実質的に決まります.そこで,事後分布そのものではなく,事
後分布と同時確率分布 $p(x^n, \theta) = p(x^n|\theta)p(\theta)$ が比例すること,すなわち

$$p(\theta|x^n) = \frac{p(x^n|\theta)p(\theta)}{p(x^n)} \propto p(x^n|\theta)p(\theta)$$

という関係を利用します.$\propto$ は比例関係を表す記号です.これにより,分母
部分の周辺尤度を無視して,$p(x^n|\theta)p(\theta)$ の情報から,事後分布の近似とな
る経験分布を得ることを考えます.

ここでは,効率的で数学的な正しさが保障された方法として,パラメータ
を探索する際に直前の位置情報を引き継ぎながら(マルコフ連鎖),アルゴリ

ズムに従って目標とする分布から乱数を発生させる（モンテカルロ法），**マルコフ連鎖モンテカルロ法** (Markov Chain Monte Carlo method: **MCMC**) を用います．

以下では，MCMC によって乱数列を得ることを MCMC サンプリング，文脈によっては単にサンプリングと呼びます．また，得られた乱数列を MCMC サンプルと呼びます．

実際の MCMC では，いくつかのサンプリング・アルゴリズムがあります．たとえば，後に実践編で用いる確率的プログラミング言語である Stan では，MCMC の一種であるハミルトニアン・モンテカルロ (HMC) 法の NUTS (No-U-Turn Sampler) が用いられています[*1]．

ここでは，MCMC の基本的エッセンスを理解するために，MCMC のもっとも単純なアルゴリズムを R で実装して，ベルヌーイ試行の事例について分析します．

4.3 メトロポリス・アルゴリズム

MCMC のアルゴリズムとしては，もっとも単純なメトロポリス・アルゴリズム (Metropolis algorithm) を採用します．1 次元のパラメータの事後分布の推定に限定したアルゴリズムの手順は以下のとおりです．

(1) 現在のパラメータの値 θ_0 を，目標とする事後分布からの MCMC サンプルの 1 つの要素として採用します．

(2) 次に移動する候補として，ランダムに別のパラメータの値 θ_1 をとります．つまり，パラメータが実現する区間 $\theta \in S$ 上の一様分布から候補パラメータを 1 つサンプリングします．

(3) θ_0 と θ_1 の事後確率の比（事後オッズ）r を計算します．

$$r = \frac{p(\theta_1|x^n)}{p(\theta_0|x^n)}$$

[*1] Stan のアルゴリズムの詳細について，詳しくは，豊田 (2015) や，Stan 言語のリファレンスマニュアル (https://mc-stan.org/users/documentation/) を参照してください．

$$= \frac{\frac{p(x^n|\theta_1)p(\theta_1)}{p(x^n)}}{\frac{p(x^n|\theta_0)p(\theta_0)}{p(x^n)}}$$

$$= \frac{p(x^n|\theta_1)}{p(x^n|\theta_0)}\frac{p(\theta_1)}{p(\theta_0)}$$

(4) 現在のパラメータの値 θ_0 から候補パラメータ θ_1 へ移動するかどうか
を決めます．現在のパラメータの値が θ_0 のとき，候補パラメータ θ_1
に移動する確率を採択確率といって，$\alpha(\theta_0, \theta_1)$ と表します．具体的
には，

$$\alpha(\theta_0, \theta_1) = \min\{1, r\}$$

と定義します[*2]．確率 $\alpha(\theta_0, \theta_1)$ で θ_1 に移動し，確率 $1 - \alpha(\theta_0, \theta_1)$ で
θ_0 にとどまります．

(5) 新しいパラメータの値を θ_0 として，(1) に戻ります．

手順 (3) で事後確率の比をとることで，共通の分母である対数尤度 $p(x^n)$
がキャンセルされます．その結果，r を既知の確率モデルと事前分布の積だ
けで表現できます．つまり事後分布の確率（密度）関数を知らなくても，既
知の確率モデルと事前分布だけを使ってアルゴリズムを実行できます．この
アルゴリズムがうまくいく理由は 4.4 節で説明します．

4.3.1　アルゴリズムの実装

では，実際に先のコイン投げの例に基づき，メトロポリス・アルゴリズム
を走らせてみましょう．計算には R を使います．

まず，データを data オブジェクトに入れます．

```
data<-c(0,1,1,1,1,0,1,1,0,1)
```

次に，確率モデルの関数を実装します．（パラメータ q についての条件付
き）独立同分布の仮定より確率モデルは，

$$p(x^n|q) = \prod_{i=1}^{n} p(x_i|q)$$

[*2] $\min A$ は集合 A のなかの最小の値をとる関数です．たとえば，$\min\{1, 3, 5\} = 1$ です．

$$= q^{\sum_i x_i}(1-q)^{n-\sum_i x_i}$$

です[*3]. これを R のユーザー定義関数として

```
L_Bern<-function(x,q) q^sum(x)*(1-q)^(length(x)-sum(x))
```

と定義します.

さて, 事後分布を推定するために, データとパラメータの同時分布 (のデータを x^n に固定した関数) $p(x^n, q) = p(x^n|q)\varphi(q)$ の情報を用いて MCMC サンプリングを行います.

ここで, 具体的な事前分布として, $a = b = 1$ をパラメータとしてもつベータ分布 $\mathrm{Beta}(1,1)$ を仮定することにします. これは区間 $[0,1]$ 上での一様分布と等しく, 確率密度関数は $\mathrm{Beta}(q|1,1) = 1$ となります.

```
prior_beta<-function(q,a,b) dbeta(q,a,b)
joint<-function(x,q) L_Bern(x,q)*prior_beta(q,1,1)
```

メトロポリス・アルゴリズムは, 以下のような関数として実装します.

```
Metropolis<-function(current) {
    propose<-runif(1,0,1)
    r<-joint(data,propose)/joint(data,current)
    pmove<-min(r,1)
    if(pmove>=runif(1,0,1)) propose else current
}
```

この関数の内部でどのような計算をしているかを, 具体例で見てみましょう.

(1) 関数に current として 0.5 を投入したとします (Metropolis(0.5)).

(2) runif(1,0,1) によって区間 $[0,1]$ の一様分布から乱数を 1 つ発生させ, これを提案パラメータとします (propose<-0.623).

(3) 0.5 と 0.623 をパラメータとした場合の事後確率の比 (事後オッズ) r を計算します (r<-1.246).

(4) 採択確率を算出し (pmove<-1), 区間 $[0,1]$ の一様分布から発生させた別の乱数 (たとえば, 0.170) と比較し, 採択確率のほうが大きけ

[*3] ふつう, MCMC の実装では, 計算上の安定のために, 尤度や事前分布のかわりに, 対数尤度や対数事前分布が用いられますが, ここでは, ベイズ・モデリングとアルゴリズムの対応をわかりやすくするために, 対数化せずに計算します.

れば，propose に移動し，そうでなければ current にとどまります．
(5) この場合，新しいパラメータの値として 0.623 が採用されました．

これが一巡目になります．次に，二巡目として，新しく採用された値 0.623 を Metropolis 関数にふたたび投入すると，同様の手順で今度は移動せずに 0.623 にとどまることになりました．さらに，三巡目も 0.623 にとどまることになりました．

結局，10 試行繰り返した後の MCMC サンプリングの推移をプロットすると，図 4.1 のようになりました[*4]．このような推移のプロットを**トレースプロット** (trace plot) と呼びます．

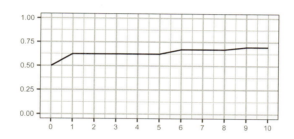

図 4.1 10 試行までのトレースプロット

4.3.2 MCMC サンプリングの結果

では，具体的な試行として，初期値を 0.5 として，十分に多い回数として 11000 回の MCMC サンプリングを行いましょう．

```
nsteps<-11000 # number of steps
mcmcsample<-c()
mcmcsample[1]<-0.5 # initial position
for (i in 1:nsteps) {
    mcmcsample[i+1]<-Metropolis(mcmcsample[i])
}
```

[*4] 乱数を発生させるので，異なる乱数シードでこの手順を再現しても，推移のプロットは異なってきます．

Metropolis 関数を繰り返し適用するために，for 文を使います．まず，MCMC サンプルを入れるために，からのベクトル mcmcsample を用意します．mcmcsample の1つ目の要素として，初期値 0.5 を代入しておきます．あとは for 文で，mcmcsample の i 番目の要素を Metropolis 関数に適用した結果を mcmcsample の i+1 番目の要素として渡していきます．

得られた mcmcsample のうち，最初の 1000 回分を削除します．このように，収束までの不安定な初期段階の MCMC サンプル部分を削除することをバーンイン (burn in) といいます[*5]．では，バーンインした残りの 10000 回を見てみましょう．

MCMC サンプルの推移を表したものが図 4.2 のトレースプロットです．

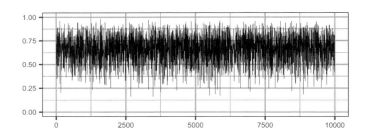

図 4.2 トレースプロット

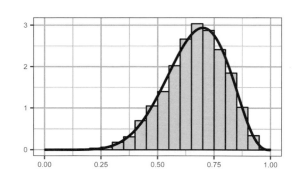

図 4.3 MCMC サンプルのヒストグラム

[*5] なお，Stan では MCMC に NUTS という発展的なアルゴリズムを用いています．NUTS ではハイパーパラメータを調整するための最初のサンプリング期間を warmup と呼んでいます．バーンインと厳密には意味合いが異なりますが，ユーザーにとっては削除する期間という意味で，同じように考えておいて問題ありません．

図4.3は実際に得られたMCMCサンプルのヒストグラムです．図中の曲線が，解析的に得られるベータ事後分布の密度関数です．これを見ると，サンプリングは問題なく行われ，事後分布をうまく再現しているようです．

4.3.3 MCMCサンプリングの比較

先ほどは，初期値からスタートして，ひと連なりの反復サンプリングを行い，その結果，1つのMCMCサンプルの軌跡を得ました（図4.2）．実際のMCMCの実践では，複数のサンプリングを行い，それらのMCMCサンプルを比較することが標準となっています．それぞれのMCMCサンプルは**チェーン (chain)** とも呼ばれます．

MCMCサンプル間の比較を行うことで，目標とする分布からの適切なサンプリングが行われているかどうかを判断することができます．たとえば，MCMCサンプルの挙動がそれぞれ異なり，異なる範囲で動いているように見えるときは，サンプリングがうまくいっていない可能性を疑います．逆に，それぞれのMCMCサンプルのプロットがだいたい重なり，同じような挙動をしているように見える場合には，サンプリングがうまくいっていると考えられます．このような状態を「MCMCサンプルが収束している」ともいいます．

では，先ほどのサンプリング・アルゴリズムを4回行って，4つのMCMC

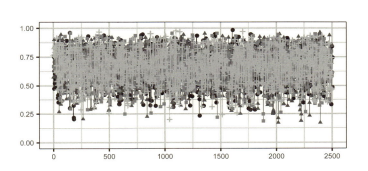

図4.4 チェーン数4のトレースプロット

サンプルを求めます．それぞれのチェーンでサンプリングを 3500 回実施
し，そのうち最初の 1000 回を削除します．4 つの MCMC サンプルの推
移を示したものが図 4.4 です．少し見にくいかもしれませんが，それぞれ
の MCMC サンプルはほぼ重なっており，収束しているといってよさそう
です．

より客観的に収束を診断する基準はいくつかありますが，そのなかでも現
状もっともよく用いられているのが $\hat{R}$（アールハット）です (Gelman et al.
2013b: 284–5).

この指標は，それぞれの MCMC サンプルの列内の分散 W と列間の分散
B によって構成されます[*6]．事後分布（パラメータが複数の場合は，焦点と
なるパラメータ以外を周辺化した周辺事後分布）の分散についての，B と
W による推定量

$$\widehat{\mathrm{var}}^+(\theta|x^n) = \frac{n-1}{n}W + \frac{1}{n}B$$

と列内分散 W との関係から，$\hat{R}$ を

$$\hat{R} = \sqrt{\frac{\widehat{\mathrm{var}}^+(\theta|x^n)}{W}}$$

と定義します．列間分散が十分に小さい場合，$\hat{R}$ は 1 に近づき，逆に列間分
散が大きい場合は，$\hat{R}$ は 1 より大きい値になります．「収束していない」と
いう判断のために，$\hat{R} > 1.1$ という経験的な基準がしばしば用いられます．

先ほどの 4 本の MCMC サンプルから $\hat{R}$ を計算すると，$\hat{R} \approx 1.00005$ と
なって，十分に小さな値であり，また，トレースプロットの様子からも収束
していると判断できます．

[*6] $j(= 1, \ldots, m)$ 列目の $i(= 1, \ldots, n)$ 番目のパラメータの MCMC サンプルの要素を
θ_{ij} とすると，B, W は以下のように定義されます．

$$B = \frac{n}{m-1}\sum_{j=1}^{m}(\bar{\theta}_{\cdot j} - \bar{\theta}_{\cdot\cdot})^2, \quad \bar{\theta}_{\cdot j} = \frac{1}{n}\sum_{i=1}^{n}\theta_{ij}, \quad \bar{\theta}_{\cdot\cdot} = \frac{1}{m}\sum_{j=1}^{m}\bar{\theta}_{\cdot j},$$

$$W = \frac{1}{m}\sum_{j=1}^{m}s_j^2, \quad s_j^2 = \frac{1}{n-1}\sum_{i=1}^{n}(\theta_{ij} - \bar{\theta}_{\cdot j})^2.$$

4.4 MCMC の一般的な説明

　ここまでの単純例では，MCMC サンプリングは（十分な繰り返し回数を設定すると）うまく機能していたようです．では，なぜこのような方法でうまくいくのでしょうか．以下では，少し抽象度を上げて一般的に MCMC を導入し，なぜ MCMC によって事後分布のサンプリングが正しく行えるのかを説明したいと思います．なお，以下の説明を読み飛ばしても，それ以降の本書の基本的な理解に支障はありませんので，必要に応じて参照してください．

4.4.1 マルコフ連鎖

　とびとびの離散時間 $t = 0, 1, 2, \ldots$ に従って，状態が確率的に変化することを考えます．t 時の状態を確率変数 X_t で表すと，時間による変化を確率変数の列 $X_0, X_1, \ldots, X_t, \ldots$ で表すことができます．このような，確率変数列を一般に確率過程といいます．

　例として，$S = \{1, 2, 3\}$ の 3 つの状態を考えます．そして，t 時の状態を確率変数 X_t と表します．具体的には，A さんが，ある時間ごとに場所 1，場所 2，場所 3 という 3 つの場所にある確率で現れる，というような状況を思い浮かべればよいでしょう．

　一般的に，$t+1$ 時にどの状態が実現するかは，t 時までにどの状態が実現したかに依存します．これを条件付き確率として書くと，t 時において状態 $i \in S$ にあるときに，$t+1$ 時に状態 $j \in S$ にある確率は

$$P(X_{t+1} = j | X_t = i, X_{t-1} = i_{t-1}, \ldots, X_0 = i_0)$$

となります．

　このとき，すべての t について，

$$P(X_{t+1} = j | X_t = i) = P(X_{t+1} = j | X_t = i, X_{t-1} = i_{t-1}, \ldots, X_0 = i_0)$$

となるとき，この確率過程を**マルコフ連鎖** (Markov chain) と呼びます．つまり，マルコフ連鎖とは，$t+1$ 時にどの状態にあるかは，t 時にどの状態にあったかのみに依存するような確率過程です．具体例でいえば，A さんがどこにいるかは，直前にどこにいたかのみに依存している状況です．

ここで，t 時における状態 $X_t = i \in S$ から状態 $X_{t+1} = j \in S$ に移る確率を推移確率と呼んで，

$$p(i,j) = P(X_{t+1} = j | X_t = i)$$

と表すことにしましょう．このとき，

$$\sum_{j \in S} p(i,j) = 1$$

です．つまり，状態 i から，（もとの状態 i を含む）いずれかの状態に至る確率は 1 です．

これら推移確率を行列の形でまとめたものを推移確率行列と呼び

$$P = \begin{pmatrix} p(1,1) & p(1,2) & p(1,3) \\ p(2,1) & p(2,2) & p(2,3) \\ p(3,1) & p(3,2) & p(3,3) \end{pmatrix}$$

と書くようにします．たとえば，P の 1 行 2 列目の要素 $p(1,2)$ は，状態 1 から 2 への推移確率を表します．

さて，t 時点で状態 i にある確率を

$$\pi_t(i) = P(X_t = i)$$

と表し，t 時点における状態の確率分布を確率ベクトル

$$\boldsymbol{\pi}_t = (\pi_t(1), \pi_t(2), \pi_t(3)), \quad \sum_{i=1}^{3} \pi_t(i) = 1$$

と表すことにします．

状態の確率と推移確率が独立であると仮定すると，次の $t+1$ 時点での状態の確率ベクトルは，ベクトルと行列の積として，

$$\begin{aligned} \boldsymbol{\pi}_t P &= (\pi_t(1), \pi_t(2), \pi_t(3)) \begin{pmatrix} p(1,1) & p(1,2) & p(1,3) \\ p(2,1) & p(2,2) & p(2,3) \\ p(3,1) & p(3,2) & p(3,3) \end{pmatrix} \\ &= \left(\sum_{i=1}^{3} \pi_t(i) p(i,1), \sum_{i=1}^{3} \pi_t(i) p(i,2), \sum_{i=1}^{3} \pi_t(i) p(i,3) \right) \\ &= (\pi_{t+1}(1), \pi_{t+1}(2), \pi_{t+1}(3)) = \boldsymbol{\pi}_{t+1} \end{aligned}$$

と計算できるでしょう.

以下では,具体的な数値例として

$$P = \begin{pmatrix} \frac{1}{5} & \frac{3}{5} & \frac{1}{5} \\ \frac{1}{3} & \frac{1}{3} & \frac{1}{3} \\ \frac{1}{2} & \frac{1}{4} & \frac{1}{4} \end{pmatrix}$$

を検討します.これを有向グラフというグラフ形式で示すと,図 4.5 のようになります.グラフ中の矢印の向きが推移の向きを,矢印に付随した数字が推移確率を示します.

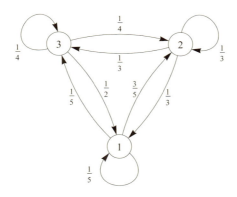

図 4.5 推移確率行列 P のグラフ

さて,初期時点の状態分布として $\boldsymbol{\pi}_0 = (1, 0, 0)$ を仮定しましょう.つまり,$t = 0$ では,確率 1 で状態 1 にあるという状況です.状態分布に推移確率行列をかけることで,

$$\begin{aligned}\boldsymbol{\pi}_0 P &= \left(1 \cdot \frac{1}{5} + 0 \cdot \frac{1}{3} + 0 \cdot \frac{1}{2},\ 1 \cdot \frac{3}{5} + 0 \cdot \frac{1}{3} + 0 \cdot \frac{1}{4},\ 1 \cdot \frac{1}{5} + 0 \cdot \frac{1}{3} + 0 \cdot \frac{1}{4}\right) \\ &= \left(\frac{1}{5}, \frac{3}{5}, \frac{1}{5}\right) = \boldsymbol{\pi}_1\end{aligned}$$

を得ます.さらに,もう一度推移確率行列をかけることで,

$$\boldsymbol{\pi}_0 PP = \boldsymbol{\pi}_1 P$$

$$= \left(\frac{1}{5} \cdot \frac{1}{5} + \frac{3}{5} \cdot \frac{1}{3} + \frac{1}{5} \cdot \frac{1}{2}, \ \frac{1}{5} \cdot \frac{3}{5} + \frac{3}{5} \cdot \frac{1}{3} + \frac{1}{5} \cdot \frac{1}{4}, \ \frac{1}{5} \cdot \frac{1}{5} + \frac{3}{5} \cdot \frac{1}{3} + \frac{1}{5} \cdot \frac{1}{4} \right)$$

$$= \left(\frac{17}{50}, \frac{37}{100}, \frac{29}{100} \right) = \boldsymbol{\pi}_2$$

を，さらに，もう一度推移確率行列をかけることで，

$$\boldsymbol{\pi}_0 P^3 = \boldsymbol{\pi}_2 P = \left(\frac{1009}{3000}, \frac{2399}{6000}, \frac{1583}{6000} \right) = \boldsymbol{\pi}_3$$

を得ます．さらにさらに，推移確率行列をかけて状態を変化させていくと，状態分布は限りなく

$$\boldsymbol{\pi} = \left(\frac{1}{3}, \frac{2}{5}, \frac{4}{15} \right)$$

に近づいていくように見えます[*7]．このように t を大きくしていったときに，変化のない状態分布に至るとき，その分布を**定常分布** (stationary distribution) と呼びます．

実際に，定常分布を求めるには

$$\boldsymbol{\pi} = \boldsymbol{\pi} P \tag{4.1}$$

を，$\boldsymbol{\pi}$ が確率分布であるという制約，つまり，$\sum_{i \in S} \pi(i) = 1$ のもとで解きます．式 (4.1) をそれぞれの状態 $i \in S$ についての式にすると，

$$\forall j \in S, \pi(j) = \sum_{i \in S} \pi(i) p(i, j) \tag{4.2}$$

です[*8]．

具体例では，

$$\pi(1) = \pi(1)\frac{1}{5} + \pi(2)\frac{1}{3} + \pi(3)\frac{1}{2},$$

[*7] また，このとき t を大きくすると，P^t は，

$$\begin{pmatrix} \frac{1}{3} & \frac{2}{5} & \frac{4}{15} \\ \frac{1}{3} & \frac{2}{5} & \frac{4}{15} \\ \frac{1}{3} & \frac{2}{5} & \frac{4}{15} \end{pmatrix}$$

に近づいていくように見えます．

[*8] ここで $\forall j \in S$ は「S に属するすべての j について」を意味します．

$$\pi(2) = \pi(1)\frac{3}{5} + \pi(2)\frac{1}{3} + \pi(3)\frac{1}{4},$$
$$\pi(3) = \pi(1)\frac{1}{5} + \pi(2)\frac{1}{3} + \pi(3)\frac{1}{4},$$
$$1 = \pi(1) + \pi(2) + \pi(3)$$

という連立方程式を解くと，たしかに，

$$\boldsymbol{\pi} = (\pi(1), \pi(2), \pi(3)) = \left(\frac{1}{3}, \frac{2}{5}, \frac{4}{15}\right)$$

を得ます．

ところで，定常分布は，定常といっても状態の推移の流れが止まっているわけではないことに注意してください．Aさんは場所の行き来を繰り返していますが，一定期間が過ぎると，どの状態にあるかについての確率は変化しなくなるということです．

4.4.2　定常分布への収束

さらにしばらくは，$S = \{1, \ldots, n\}$ 上の有限個（n 個）の状態についてのマルコフ連鎖を想定して話を続けていきます．

まず，一般に，$\forall s, s' \in S, p(s, s') \neq 0$，つまり任意の 2 つの状態間の推移確率がゼロではないという条件の下で，定常分布 $\boldsymbol{\pi}$ が存在するとき，どのような初期分布 $\boldsymbol{\pi}_0$ からでも，$t \to \infty$ で $\boldsymbol{\pi}_t$ が $\boldsymbol{\pi}$ に収束することが証明できます[9]．このことによって，ある状態 s から，推移確率 p による移動を多数繰り返した後の状態 s' を，分布 $\boldsymbol{\pi}$ に従う独立な確率変数の実現値とみなすことができます[10]．さらに s' から，推移確率 p による移動を多数繰り返し，$\boldsymbol{\pi}$ からのまた別の独立の実現値 s'' を得る．これを繰り返すことで，$\boldsymbol{\pi}$ からの独立の実現値の列を MCMC サンプルとして得るというのが，MCMC サンプリングの基本的な発想になります[11]．

---

[9] 証明の詳細については，伊庭 (2005: 39–46) を参照してください．より厳密には，既約性，非周期性，正再帰性という特性（エルゴード性）をもつマルコフ連鎖が定常状態に収束することが知られています．

[10] 初期状態から定常分布に収束するまでの実現値の列は切り捨てて考えます．これをバーンインといいます（54 ページ参照）．

[11] 実現値どうしを独立とみなせるまでの時間を「混合時間」といいます (伊庭 2005: 40)．混合時間に応じて，サンプリングを間引く (thining) こともあります．どの程度の間引きが必要かは，問題に依存します．

4.4.3 詳細釣り合い条件

では，MCMC を実行する際に，どのようにして定常分布からのサンプリングであることが保証されるのでしょうか.

その際考慮されるのが，**詳細釣り合い条件** (detailed balance condition) です．これは，任意の $s, s' \in S$ について，

$$\forall s, s' \in S, \pi(s)p(s, s') = \pi(s')p(s', s) \tag{4.3}$$

が成り立つこと，です．式 (4.3) の両辺を $s \in S$ について総和をとると，

$$\forall s' \in S, \sum_{s \in S} \pi(s)p(s, s') = \sum_{s \in S} \pi(s')p(s', s)$$
$$= \pi(s') \sum_{s \in S} p(s', s)$$
$$= \pi(s') \cdot 1 = \pi(s')$$

となるので，式 (4.2) に一致します．ゆえに，π は定常分布となります．つまり，詳細釣り合い条件は定常分布の十分条件であり，

$$詳細釣り合い条件 \implies \boldsymbol{\pi} = (\pi(1), \ldots, \pi(n)) \text{ は定常分布}$$

が成り立ちます.

4.4.4 メトロポリス–ヘイスティングス・アルゴリズム

この詳細釣り合い条件が成り立つように，うまく推移確率を調整しながら，マルコフ連鎖を進めていけば，定常分布からのサンプリングができるでしょう．この「うまく推移確率を調整する」ひとつのオーソドックスな方法が，**メトロポリス–ヘイスティングス・アルゴリズム** (Metropolis-Hastings algorithm: **MH**) です．これは，先に導入したメトロポリス法を一般化したアルゴリズムで，一言でいえば，目標とする定常分布からのサンプリングが困難な場合に，サンプリングが容易な分布を提案分布として採用し，目標分布と提案分布の違いを詳細釣り合い条件が満たされるように調整することで，目標分布からのサンプリングを可能とするものです (豊田 2008: 10).

4.4 MCMC の一般的な説明

ここでは最初に，一般的な目標分布 $\pi(s)$ を想定して手順を説明します．そのあと，目標分布が事後分布 $\pi(\theta) = p(\theta|x^n)$ の場合を検討します．

MH アルゴリズムは以下のような手順をとります．

(1) 状態 s から始めます．

(2) 状態 s から移る候補を決めます．その際，用いられるのが提案分布といわれるものです．提案分布は，現在の状態 s を条件とする条件付き確率分布 $q(\cdot|s)$ で，この分布から 1 つの値をサンプリングすることで移動先の候補 s' が決まります．

(3) 以下の比 r を計算します．

$$r = \frac{\pi(s')q(s|s')}{\pi(s)q(s'|s)}$$

(4) 現在の状態 s から移動候補 s' を採択する採択確率を

$$\alpha(s, s') = \min\{1, r\}$$

と定義します．確率 $\alpha(s, s')$ で s' に移動し，確率 $1 - \alpha(s, s')$ で s にとどまります．

(5) 新しい状態を s として，(1) に戻ります．

このアルゴリズムの提案分布と採択確率を組み合わせた推移確率を想定することで，$\pi(s)$ についての詳細釣り合い条件が成り立つことが証明できます．

まず，状態 s' から s への移動確率を考えます．このとき，(3) の比 r' は

$$r' = \frac{\pi(s)q(s'|s)}{\pi(s')q(s|s')} = \frac{1}{r}$$

ですので，移動確率は

$$\alpha(s', s) = \min\{1, r'\} = \min\{1, 1/r\}$$

となります．その上で，s から s' への推移確率と s' から s への推移確率を以下のように構成することができます．

$$\underbrace{p(s, s')}_{s \text{ から } s' \text{への推移確率}} = \underbrace{q(s'|s)}_{\text{候補 } s' \text{の提案確率}} \times \underbrace{\alpha(s, s')}_{\text{候補 } s' \text{の採択確率}}$$

$$\underbrace{p(s', s)}_{s' \text{から } s \text{ への推移確率}} = \underbrace{q(s|s')}_{\text{候補 } s \text{ の提案確率}} \times \underbrace{\alpha(s', s)}_{\text{候補 } s \text{ の採択確率}}$$

このとき，$p(s, s')$ について両辺に目標分布 $\pi(s)$ をかけると，

$$
\begin{aligned}
\pi(s)p(s, s') &= \pi(s)q(s'|s)\alpha(s, s') && \text{両辺に } \pi(s) \text{ をかける}\\
&= \pi(s)q(s'|s)\min\{1, r\} && \alpha(s, s') \text{ の定義より}\\
&= \min\{\pi(s)q(s'|s), \pi(s)q(s'|s)r\} && \text{min\{ \} の各項に } \pi(s)q(s'|s)\\
& && \text{をかける}\\
&= \min\{\pi(s)q(s'|s), \pi(s')q(s|s')\} && \text{整理する}\\
&= \pi(s')q(s|s')\min\left\{\frac{\pi(s)q(s'|s)}{\pi(s')q(s|s')}, 1\right\} && \pi(s')q(s|s') \text{ でくくり出す}\\
&= \pi(s')q(s|s')\min\{r', 1\} && r' \text{ で置きかえる}\\
&= \pi(s')q(s|s')\alpha(s', s) && \alpha(s', s) \text{ で置きかえる}\\
&= \pi(s')p(s', s) && p(s', s) \text{ で置きかえる}
\end{aligned}
$$

となって，目標分布 $\pi(s)$ を与えたときに詳細釣り合い条件 (4.2) を満たすことが確認できました．つまり，このアルゴリズムによって，詳細釣り合い条件を満たすように推移確率を調整しながら，状態の推移を進めていくことができます．

まとめると，MH アルゴリズムによって次の 2 点が成立します．

(1) まず，マルコフ連鎖の性質として，任意の 2 つの状態間の推移確率がゼロではないという条件の下で，定常分布が存在するとき，どのような初期分布からでも，$t \to \infty$ のとき定常分布に収束する．

(2) さらに，MH アルゴリズムによって，目標分布 $\pi(s)$ が与えられたときに，詳細釣り合い条件を満たす推移確率を構成できる．

以上により，MH アルゴリズムによって，初期状態から十分な推移を繰り返すと，目標とする定常分布 $\pi(s)$ からのサンプリングが可能になります．

ところで，提案分布が 2 つの値について対称のとき，つまり $q(s'|s) = q(s|s')$ であり，一方を条件としたときの他方の提案確率が等しいとき，MH アルゴリズム中の比 r は，提案部分がキャンセルされて，

$$r = \frac{\pi(s')}{\pi(s)}$$

となります．これが MH アルゴリズムの特殊版としてのメトロポリス・アルゴリズムにほかなりません．

さらに，ここまでは，離散的な状態集合上の確率分布について考えてきましたが，連続分布からのサンプリングの場合も，密度関数の比をとることで，同じアルゴリズムでサンプリングを行うことができます．

4.4.5　事後分布の MCMC

最後に，事後分布を定常分布として得るべき目標分布として設定した場合を確認しましょう．この場合，

$$\pi(\theta) = p(\theta|x^n) = \frac{p(x^n|\theta)\varphi(\theta)}{p(x^n)}$$

です．すると，比 r を計算する際に，2 つのパラメータ値の事後分布の比をとることで，周辺尤度 $p(x^n)$ がキャンセルされますので，

$$\begin{aligned}
r &= \frac{\pi(\theta')q(\theta|\theta')}{\pi(\theta)q(\theta'|\theta)} \\
&= \frac{p(\theta'|x^n)q(\theta|\theta')}{p(\theta|x^n)q(\theta'|\theta)} \\
&= \frac{p(x^n|\theta')\varphi(\theta')q(\theta|\theta')}{p(x^n|\theta)\varphi(\theta)q(\theta'|\theta)}
\end{aligned}$$

を得ます．

パラメータの特性に合ったなんらかの提案分布を設定し，この比 r を用いた採択確率を設定することで，事後分布についての MH アルゴリズムを構成することができます．

さらに，対称な提案分布（一様分布や正規分布）を設定することで，対称分布もキャンセルされますので，比 r は

$$\begin{aligned}
r &= \frac{\pi(\theta')}{\pi(\theta)} \\
&= \frac{p(\theta'|x^n)}{p(\theta|x^n)} \\
&= \frac{p(x^n|\theta')}{p(x^n|\theta)}\frac{\varphi(\theta')}{\varphi(\theta)}
\end{aligned}$$

となります．これは 4.3 節で示したメトロポリス・アルゴリズム中の r と一致しています．

このように，周辺尤度 $p(x^n)$ を無視した $p(x^n|\theta)\varphi(\theta)$ の情報から，定常分布にたどりつくためのメトロポリス・アルゴリズム，MH アルゴリズムを構成することができ，アルゴリズムの十分な繰り返しによって，事後分布からの適切な MCMC サンプリングが可能になることがわかりました．

メトロポリス・アルゴリズムを含む MCMC のさらなる解説としては，Kruschke (2015=2017) の第 7 章や豊田 (2008) が参考になります．また，マルコフ連鎖の収束，詳細釣り合い条件を含む MCMC のより詳しい解説としては，伊庭 (2005) を参照してください．

> **まとめ**
>
> - 共役事前分布が使えない場合に，事後分布を数値計算によって近似する方法が MCMC である．
> - MCMC と確率的プログラミング言語を用いることで，複雑なモデルでもベイズ推測が可能になる場合がある．

第 5 章

モデリングと確率分布

　ここまでに，観察したデータを生み出す真の分布を推測するための方法を紹介してきました．

　統計モデリングは確率分布（確率変数）を使って現象を表現する方法です．確率分布は非常にたくさんあるので，現象に即したモデルをつくるためには，適切な分布を選ばなくてはなりません．また複数の分布を組み合わせて新しく確率モデルをつくることもあります．そのためには，単にたくさんの分布を知っているだけでなく，代表的な分布が，どのような仮定から導出できるのかを知る必要があります．確率分布の《生まれた背景》や《分布のつくり方》を知っていると，分析したい現象をモデル化する際に役立ちます．

　みなさんはレゴブロックで遊んだことがあるでしょうか．統計モデルをつ

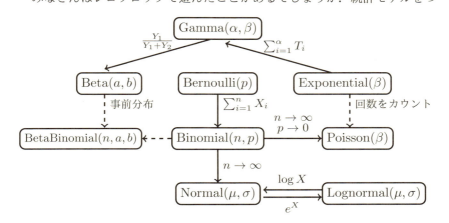

図 5.1　確率分布の関係

くることは，レゴブロックで家や車をつくる遊びに似ています．思いどおり
の家や車をつくるためには，どんな形のブロックがあるのかを事前に知って
おく必要があります．確率分布はいわば基本形のブロックです．

図 5.1 は，本章で紹介する確率分布のあいだの関係を示しています[*1]．こ
の図はすべての確率分布を示しているわけではありません．しかし図から
「確率分布にはたくさんの種類があること」「分布と分布の間には，なんらか
の関係があること」がわかると思います．

本章では，ただ基本形となる分布を紹介するだけなく，それぞれの分布の
あいだの関係に注目しながら説明します．そして，ある分布から別の分布を
つくる操作を具体的に示します．特に強調したいことは，「確率分布 A と確
率分布 B の間で成立している数学的な関係を，モデリングに反映する」こと
です．こうすることで，現象に固有の性質や法則を確率モデル上で直接的に
表現できると私たちは考えます．

5.1　ベルヌーイ分布

- 実現値: $y \in \{0, 1\}$
- パラメータ: $q \in [0, 1]$
- 確率質量関数: $\mathrm{Bernoulli}(y|q) = q^y (1-q)^{1-y}$
- 平均: q, 標準偏差: $\sqrt{q(1-q)}$

注目する事象が確率 q で起こったときに 1, 確率 $1-q$ で起こらなかったと
きに 0 の値をとる確率変数の分布を**ベルヌーイ分布**（Bernoulli distribution）
といいます．また次の 3 条件を満たす試行をベルヌーイ試行と呼びます．

- 試行の結果は成功（起きる）か失敗（起きない）のいずれかである．
- 各試行は独立である．
- 成功確率 q, 失敗確率 $1-q$ は試行を通じて一定である．

どんな行為も，その行為が《確率 q で生じた，あるいは，確率 $1-q$ で生
じなかった》事象として表現できるので，単純化すればあらゆる行為はベル

[*1] より網羅的な関係図は Leemis & McQueston (2008) を参照してください．

ヌーイ分布で表現できます．この意味でベルヌーイ分布は，さまざまな現象を表現するコアとなる基本的な分布といえます．

5.2 2 項 分 布

- 実現値: $x \in \{0, 1, 2, \ldots, n\}$
- パラメータ: $n \in \mathbb{Z}^+$, $p \in [0, 1]$
- 確率質量関数: $\mathrm{Binomial}(x|n, p) = {}_nC_x p^x (1-p)^{n-x}$
- 平均: np, 標準偏差: $\sqrt{np(1-p)}$

注目する事象が確率 q で生じるベルヌーイ試行を n 回繰り返したとき，その事象が起こった回数 x は **2 項分布**（binomial distribution）に従います．たとえばコインを投げて表が出る事象に注目したとしましょう．n 回中 x 回表が出る確率は 2 項分布によって決まります．

2 項分布はベルヌーイ分布からつくることができます．1 回目, 2 回目, ..., n 回目のベルヌーイ試行をベルヌーイ分布に従う確率変数 $X_1, X_2, \ldots, X_n$ で表したとしましょう．このときすべてを足して

$$X = X_1 + X_2 + \cdots + X_n$$

という新しい確率変数 X をつくると，X の分布は 2 項分布に従います．

たとえば $n = 5$ として 1, 2, 4 回目の試行で注目する事象が生じたとします．すると実現値 x_1, x_2, x_3, x_4, x_5 の合計は

$$x_1 + x_2 + x_3 + x_4 + x_5 = 1 + 1 + 0 + 1 + 0 = 3$$

です．この《3》は《5 回の試行のうち，3 回事象が生じた》という結果の 3 に対応しています．ベルヌーイ分布は，試行の成功を 1，失敗を 0 で表しているので，その合計は総成功数に一致します．ゆえに 2 項分布はベルヌーイ分布を《足した》結果として表現できます．

2 つの確率変数を足して，1 つの確率変数を合成する操作に関しては，次の一般的な定理が成り立ちます．

70   5. モデリングと確率分布

命題 1 (確率変数のたたみこみ). X, Y を独立な確率変数とし，$Z = X + Y$ とおく．X, Y, Z の確率密度（質量）関数を $f(x), g(y), h(z)$ とおく．

- 離散確率変数の場合 $h(z) = \sum_{x} f(x)g(z - x)$
- 連続確率変数の場合 $h(z) = \int_{-\infty}^{\infty} f(x)g(z - x)dx$

h を f と g の**たたみこみ**といい，$h(z) = f * g(z)$ と表す．ただし X, Y が非負の値をとる場合の和と積分の範囲は $x = 0$ から $x = z$ までとする．

命題の証明は，たとえば小針 (1973: 102–103) を参照してください．

2 項分布の確率質量関数

　成功確率 q のベルヌーイ試行を n 回繰り返したときに，注目する事象が n 回中，x 回生じる確率を考えます．

　たとえば最初の x 回連続で成功して，残りの $n - x$ 回失敗する確率は

$$q^x(1 - q)^{n-x}$$

です．このようなパターンが何種類あるかは，n 個のなかから x 個をとりだす組み合わせの個数に一致します．つまり

$$_nC_x = \frac{n!}{(n - x)!x!}$$

だけパターンが存在します．1 つ 1 つのパターンは相互に排反なので，$q^x(1 - q)^{n-x}$ を $_nC_x$ 個合計した数が求める確率です．ゆえに確率質量関数は

$$P(X = x) = {_nC_x}q^x(1 - q)^{n-x}$$

です．これは命題 1 のたたみこみからも導出できます．このとき「確率変数 X はパラメータ n, q の 2 項分布に従う」といいます．

$$X \sim \text{Binomial}(n, p)$$

　ところで，$(a + b)^2$ や $(a + b)^3$ の展開式には，なじんでいると思います．より一般に $(a + b)^n$ の展開式については 2 項定理という定理が存在して，

$$(a + b)^n = \sum_{x=0}^{n} {}_nC_x a^x b^{n-x}$$

となることが知られています.

この展開公式の総和の項をよく見ると，先ほど導出した 2 項分布の確率質量関数によく似ています．実際，2 項分布に従う確率変数のすべての実現値の確率を足すと

$$\sum_{x=0}^{n} P(X = x) = \sum_{x=0}^{n} {}_nC_x q^x (1-q)^{n-x}$$

となり，2 項定理の形に一致します．ゆえに $q = a$, $(1 - q) = b$ とみなして 2 項定理を適用すると

$$\sum_{x=0}^{n} {}_nC_x q^x (1-q)^{n-x} = (q + (1-q))^n = (1)^n = 1$$

です．つまり，すべての実現値の確率の和が 1 になっており，確率分布の性質を確かに満たしています.

5.3　ポアソン分布

- 実現値: $x \in \{0, 1, 2, \ldots\}$
- パラメータ: $\lambda \in \mathbb{R}^+$
- 確率質量関数: $\mathrm{Poisson}(x|\lambda) = \dfrac{\lambda^x}{x!} e^{-\lambda}$
- 平均: λ，標準偏差: $\sqrt{\lambda}$

ポアソン分布（Poisson distribution）は，単位時間当たりに注目する事象が生じる回数の確率分布として，しばしば使われます．たとえば，ウェブサイト上に公開されたブログへの 1 日あたりのアクセス人数を数えたとします（2.3 項参照）．この場合《1 日》が単位時間で，《ブログへのアクセス》が注目する事象です.

5.3.1　2 項分布の特殊例としてのポアソン分布

2 項分布の特殊例として，ポアソン分布を次の仮定から導出します.

72   5. モデリングと確率分布

- ウェブ利用者は全体で n 人いる．n は非常に大きい．
- 各個人が対象ブログにアクセスする確率 p は非常に小さい（アクセス
  は 1 日 1 回とする）．np は一定とする．
- 各個人は独立にブログにアクセスする．

各個人の行為は対象のブログに「アクセスする」もしくは「しない」のど
ちらかなので，各個人の行為は確率 p のベルヌーイ分布に従う確率変数 X_i
で表すことができます．総アクセス数 X は $X = \sum_{i=1}^{n} x_i$ なので 2 項分布
Binomial(n, p) に従います．このとき次が成立します．

命題 2. 2 項分布 Binomial(n, p) は $np = \lambda$ を一定に保って n を限り
なく大きくすると，ポアソン分布で近似できる．

具体的には，$n \to \infty$，$np = \lambda$ のとき 2 項分布の確率質量関数が $\frac{\lambda^x}{x!}e^{-\lambda}$
で近似できることを，この命題は主張しています．

$$\lim_{n \to \infty} P(X = x) = \lim_{n \to \infty} {}_nC_x p^x (1-p)^{n-x} = \frac{\lambda^x}{x!}e^{-\lambda}$$

最右辺の確率質量関数がポアソン分布です．証明については，たとえば小針
(1973: 63) を参照してください．

5.3.2　時間内にイベントが生じる回数の分布

ポアソン分布は，次に定義するポアソン過程（確率変数）からも導出でき
ます (成田 2010: 81–83)．以下の導出は少々難しいので最初は読み飛ばして
もかまいません．

定義 12 (ポアソン過程)．ある時間 t までにイベントが発生する回数
を確率変数 $N(t)$ で表す．$N(t)$ が次の性質を満たすとき**ポアソン過
程**という．

1. $N(0) = 0$．$t = 0$ でイベントの発生はない．
2. 相互に排反な時間区間に起こるイベントの発生数は独立で
   ある．たとえば $t_1 < t_2 < t_3 < t_4$ であるとき，確率変数

$N(t_4) - N(t_3)$ と $N(t_2) - N(t_1)$ は独立である．このことを
独立増分という．

3. 時間 $s, t(s < t)$ の間に起こるイベントの発生数の分布が $t - s$
にのみ依存して決まる．これを定常増分という．

4. 十分小さい時間幅 h に対して，$P(N(h) = 1) = \lambda h + o(h)$. た
だし $\lambda > 0$.

5. 十分小さい時間幅 h に対して，$P(N(h) > 2) = o(h)$.

性質 4 は《時間 h が小さくなるほど，h の時間内で事象が 1 回生じる確率
は小さくなる》という意味です．ブログの例でいえば，計測する時間を短く
するほど，アクセスが 1 回生じる確率が小さくなる，という意味です[*2]．

次に性質 5 は《時間 h が小さくなるほど，h の時間内で事象が 2 回以上
生じる確率は 0 に近づく》という意味です．ブログの例でいえば，計測する
時間間隔を短くするほど，アクセスが 2 回以上同時に生じる確率が 0 に近づ
く，という意味です．たとえば 1 時間に 2 回以上アクセスがあったとして
も，ある 1 秒間で 2 回以上アクセスがある確率は低いでしょう．

十分小さな時間幅 h の間にアクセスは 0 回もしくは 1 回もしくは 2 回も
しくは $\cdots$ なので，全部の確率を合計すると 1 になります．

$$1 = P(N(h) = 0) + P(N(h) = 1) + P(N(h) = 2) + P(N(h) = 3) + \cdots$$
$$1 = P(N(h) = 0) + P(N(h) = 1) + \underbrace{P(N(h) = 2) + P(N(h) = 3) + \cdots}_{\text{この部分の和は 0 に近い}}$$

$$1 \approx P(N(h) = 0) + P(N(h) = 1)$$

ここで両辺から $P(N(h) = 1)$ を引くと

$$P(N(h) = 0) \approx 1 - P(N(h) = 1)$$
$$= 1 - \lambda h + o(h) \qquad \text{性質 4 より}$$

[*2] 記号 $o(h)$（読み方はスモール・オー）の定義は

$$\lim_{h \to 0} \frac{f(h)}{h} = 0 \text{ ならば } f(h) = o(h)$$

です．h が 0 に近づくとき，$f(h)$ が h よりも先に 0 に近づくとき，$f(h) = o(h)$ と書
きます．直感的にいうと $P(N(h) = 1) = \lambda h + o(h)$ は，h が十分に小さければ $o(h)$
の部分が h よりも先に 0 に近づくので $P(N(h) = 1) \approx \lambda h$ とみなせる，という意味で
す．

です．さて時間 t 内に事象が k 回生じる確率を

$$P_k(t), \quad k = 0, 1, 2, \ldots$$

とおきます．任意の時間 t について

$$P_0(t) + P_1(t) + P_2(t) + \cdots = 1$$

です．ポアソン過程の性質 4 と 5 より，h が十分小さければ

$$P_1(h) \approx \lambda h, P_2(h) + P_3(h) + \cdots \approx 0 \implies P_0(h) \approx 1 - \lambda h$$

時間区間 $(0, t]$ と $(t, t+h]$ を考えると，相互に排反なので

$$
\begin{aligned}
P_0(t+h) &= P(N(t+h) = 0) && N(t) \text{ の定義より} \\
&= P(N(t) = 0, N(t+h) - N(t) = 0) && t \text{ の前後で分ける} \\
&= P(N(t) = 0)P(N(t+h) - N(t) = 0) && \text{独立増分性より} \\
&= P(N(t) = 0)P(N(h) = 0) && \text{定常増分性より} \\
&= P_0(t)P_0(h) && P_0(k) \text{ の定義より} \\
&\approx P_0(t)(1 - \lambda h)
\end{aligned}
$$

が成立します．両辺から $P_0(t)$ を引き，h で割ると

$$P_0(t+h) - P_0(t) = -\lambda h P_0(t)$$

$$\frac{P_0(t+h) - P_0(t)}{h} = -\lambda P_0(t)$$

です．両辺を $h \to 0$ で極限をとると，導関数の定義に一致するので

$$\lim_{h \to 0} \frac{P_0(t+h) - P_0(t)}{h} = \lim_{h \to 0} -\lambda P_0(t)$$

$$P_0'(t) = -\lambda P_0(t)$$

です．この導関数を変数分離形の微分方程式とみなして，$P_0(t)$ について解けば

$$P_0(t) = Ce^{-\lambda t}$$

$P_0(0) = 1$ なので，この初期値から定数が $C = 1$ であることがわかり，その結果 $P_0(t) = e^{-\lambda t}$ です．

$$P_k(t+h) = P_k(t)P_0(h) + P_{k-1}(t)P_1(h) + P_{k-2}(t)P_2(h) + \cdots$$

$$\approx P_k(t)(1 - \lambda h) + P_{k-1}(t)\lambda h$$

$$\frac{P_k(t+h) - P_k(t)}{h} = -\lambda P_k(t) + \lambda P_{k-1}(t)$$

両辺を $h \to 0$ で極限をとると

$$P_k'(t) + \lambda P_k(t) = \lambda P_{k-1}(t)$$

$$e^{\lambda t}(P_k'(t) + \lambda P_k(t)) = e^{\lambda t}\lambda P_{k-1}(t)$$

$$\frac{d}{dt}\left(e^{\lambda t}P_k(t)\right) = \lambda e^{\lambda t}P_{k-1}(t)$$

であることから

$$P_k(t) = e^{-\lambda t}\int_0^t \lambda e^{\lambda s}P_{k-1}(s)ds$$

となり，$P_0(t) = e^{-\lambda t}$ を使えば，$P_1(t), P_2(t), \ldots$ を再帰的に解くことができます．すなわち

$$P_1(t) = e^{-\lambda t}\lambda t, \quad P_2(t) = e^{-\lambda t}\frac{(\lambda t)^2}{2!}, \quad P_3(t) = e^{-\lambda t}\frac{(\lambda t)^3}{3!}, \quad \cdots$$

この結果から $N(t)$ は以下の分布に従うことがわかります．

$$P_x(t) = P(X = x) = e^{-\lambda t}\frac{(\lambda t)^x}{x!}, \quad x = 0, 1, 2, \ldots$$

これは平均 λt のポアソン分布です．$t = 1$ とおけば単位時間なので，単位時間当たりにランダムに生じる事象の回数 X の分布は，平均 λ のポアソン分布に従います．

$$P_x(1) = P(X = x) = e^{-\lambda}\frac{(\lambda)^x}{x!}, \quad x = 0, 1, 2, \ldots.$$

本節ではポアソン分布を《2 項分布からの導出》と《ポアソン過程からの導出》という 2 つの側面から眺めてみました．図 5.1 に即していえば，ポアソン分布にたどりつく 2 つの経路があることに対応します．したがって，結果的にある変数がポアソン分布に従うとしても，そのプロセスは異なります．分析対象がどちらのプロセスで生じているのかを考えると，より現象の理解が深まります．

5.4 指数分布

- 実現値: $x \geq 0$ を満たす実数 x
- パラメータ: $\lambda \in \mathbb{R}^+$
- 確率密度関数: $\mathrm{Exponential}(x|\lambda) = \lambda e^{-\lambda x}$
- 平均: $1/\lambda$, 標準偏差: $1/\lambda$

指数分布（exponential distribution）は，注目する事象が特定の条件下で起きるまでの時間の分布を表します．たとえば，災害が起こった直後から次の災害が起こるまでの時間や，商品を使い始めてから壊れるまでの時間などを表します．

指数分布は「無記憶性」という，少し変わった条件を満たす確率変数が従う分布です．確率変数 X が任意の $s > 0$, $t > 0$ について

$$P(X > s + t | X > t) = P(X > s)$$

を満たすことを**無記憶性**（memorylessness）といいます．

たとえば，新たに購入した携帯電話が壊れるまでの経過年数を確率変数 T で表します．すると 1 年以内に壊れる確率は $P(T < 1)$ です．逆に使い始めから 1 年間壊れない確率は $P(T > 1)$ です．いま，この携帯電話を 5 年間壊さずに使った後，さらにもう 1 年使っても壊れない確率を考えます．5 年間は壊れないという条件の下で，さらに 1 年間壊れない確率なので

$$P(T > 5 + 1 | \underbrace{T > 5}_{\substack{5 \text{ 年間壊れなかった} \\ \text{という条件}}})$$

です．無記憶性とは，この確率がはじめの 1 年間壊れない確率 $P(T > 1)$ と等しい，という性質です．つまり

$$P(T > 5 + 1 | T > 5) = P(T > 1)$$

が成立することをいいます (Ross 2003: 272)．この無記憶性をもつ確率変数 T の分布関数を導出してみましょう．$s, t > 0$ を仮定します．

$$P(T > s + t | T > t) = P(T > s) \qquad \text{無記憶性の定義より}$$

$$\frac{P(T > s+t, T > t)}{P(T > t)} = P(T > s) \qquad \text{条件付き確率の定義より}$$

$$P(T > s+t, T > t) = P(T > s)P(T > t) \qquad \text{分母をはらう}$$

$$P(T > s+t) = P(T > s)P(T > t) \qquad \text{左辺を単純化する}$$

$$g(s+t) = g(s)g(t) \qquad P(T > t) = g(t) \text{ で表す}$$

条件《$T > s+t$ かつ $T > t$》は，$s+t > t$ より《$T > s+t$》と1つにまとめても同じなので $P(T > s+t, \ T > t) = P(T > s+t)$ と変形しています．関数 $g(t)$ について $g(s+t) = g(s)g(t)$ が成立するなら，s, t は任意なので

$$g(1) = g\left(\frac{1}{2} + \frac{1}{2}\right) = g\left(\frac{1}{2}\right)^2$$

です．また，$g(s+t+u) = g(s)g(t)g(u)$ と一般化できるので

$$1 = \frac{n}{n} = \underbrace{\frac{1}{n} + \frac{1}{n} + \cdots \frac{1}{n}}_{n \text{ 個}}$$

という具合に1を n 個に分割すれば

$$g(1) = g\left(\frac{1}{n} + \frac{1}{n} + \cdots \frac{1}{n}\right) = g\left(\frac{1}{n}\right)^n$$

です．同じように m/n を m 個に分割すれば

$$g\left(\frac{m}{n}\right) = \underbrace{g\left(\frac{1}{n} + \frac{1}{n} + \cdots \frac{1}{n}\right)}_{\text{括弧内は } 1/n \text{ を } m \text{ 個足す}} = g\left(\frac{1}{n}\right)^m$$

です．$n = 1, \ m = t$ とおけば

$$g(t) = g(1)^t$$

$$\log g(t) = t \log g(1) \qquad \text{対数をとる}$$

$$g(t) = e^{t \log g(1)} \qquad \text{指数関数で表す}$$

ここで $\log g(1)$ はなんらかの定数なので $\lambda = -\log g(1)$ という記号を使って，簡略化します．すると $g(t) = e^{-\lambda t}$ です．ところで $g(t) = P(T > t)$ と定義していたので，T の分布関数を $F(t)$ と書けば，

$$g(t) = 1 - F(t) = e^{-\lambda t}$$

$$F(t) = 1 - e^{-\lambda t}$$

です．したがって無記憶性の仮定から導出した確率分布の分布関数は

$$P(T < t) = F(t) = 1 - e^{-\lambda t}$$

であることがわかりました．この確率分布を指数分布といいます．分布関数を t で微分したものが確率密度関数ですから

$$F'(t) = f(t) = \lambda e^{-\lambda t}$$

です．これが指数分布の確率密度関数です．

ポアソン分布と指数分布

ポアソン分布と指数分布の間には密接な関係があります．前節で示したように，ある時間の区間 $(0, t]$ において事象が x 回起こる確率は，

$$P_x(t) = P(X = x) = e^{-\lambda t}\frac{(\lambda t)^x}{x!}, \quad x = 0, 1, 2, \ldots$$

で決まります．つまり事象の発生回数はポアソン分布に従います．

ここで確率変数 T が，ある事象が起こるまでの時間を表しているとします．すると t 時点までに事象が起こらない確率は $P(T > t)$ です．この確率は時間間隔 $(0, t]$ において事象が 1 回も起こらない確率（0 回起こる確率）と等しいので，

$$P(T > t) = P(X = 0) = e^{-\lambda t}\frac{(\lambda t)^0}{0!} = e^{-\lambda t}$$

です．すると

$$P(T \leq t) = 1 - P(T > t) = 1 - e^{-\lambda t}$$

です．$P(T \leq t)$ は確率変数 T の分布関数であり，微分すると確率密度関数です．

$$P(T < t) = F(t) = 1 - e^{-\lambda t}$$
$$F'(t) = f(t) = \lambda e^{-\lambda t}.$$

これはパラメータ λ の指数分布の確率密度関数です．まとめると

ポアソン分布 時間区間 $(0, t]$ 内に事象が生じる回数の分布

指数分布 ポアソン分布に従う事象が 1 回発生するまでの時間の分布

という関係が成立しています．

5.5 正 規 分 布

- 実現値: $x \in \mathbb{R}$
- パラメータ: $\mu \in \mathbb{R}$, $\sigma \in \mathbb{R}^+$
- 確率密度関数: $\mathrm{Normal}(x|\mu,\sigma) = \dfrac{1}{\sqrt{2\pi}\sigma} \exp\left\{-\dfrac{(x-\mu)^2}{2\sigma^2}\right\}$
- 平均: μ, 標準偏差: σ

パラメータ p のベルヌーイ分布に従う確率変数 $X_1, X_2, \ldots, X_n$ が互いに独立であるとします. このとき

$$S_n = \frac{(X_1 + X_2 + \cdots + X_n) - np}{\sqrt{np(1-p)}}$$

という確率変数を新たに定義します. S_n の分子にある $X_1 + X_2 + \cdots + X_n$ の部分は, ベルヌーイ分布を n 個足しあわせた確率変数です. これが 2 項分布に従うことは 5.2 節で見てきたとおりです. ところで 2 項分布の平均と標準偏差は np, $\sqrt{np(1-p)}$ でした. つまり S_n は 2 項分布に従う確率変数を, その平均 np と標準偏差 $\sqrt{np(1-p)}$ で標準化した確率変数です. この確率変数 S_n は $n \to \infty$ のとき, 平均 0 で標準偏差 1 の**正規分布** (normal distribution) に従います. これをド・モアブル–ラプラスの中心極限定理といいます (証明は河野 (1999), 小針 (1973) などを参照).

中心極限定理は 2 項分布に従う確率変数だけでなく, 条件を満たすより一般的な確率変数の和についても成立します. まず平均 μ, σ^2 であるような独立同分布に従う確率変数

$$X_1, X_2, \ldots, X_n$$

を考え, ある $0 < \delta < 1$ が存在して任意の i について $\mathbb{E}[|X_i - \mu|^{2+\delta}] = K < +\infty$ が成立すると仮定します. このとき確率変数

$$\frac{(X_1 + X_2 + \cdots + X_n) - n\mu}{\sigma\sqrt{n}}$$

は $n \to \infty$ のとき, 平均 0 で標準偏差 1 の正規分布 (標準正規分布) に従います. これはド・モアブル–ラプラスよりも一般的な中心極限定理の一例と

なっています (河野 1999: 173–174).

　直感的にいうと，確率的に変動する量 $X_1, X_2, \ldots, X_n$ を合計した X の分散に比して，各 X_j の分散が十分に小さければ，X の分布は正規分布で近似できるのです．正規分布の定義を暗記するよりも，「適度な大きさの分散をもつ確率変数をたくさん足し合わせて標準化した確率変数が従う分布」と理解している方が，モデリングには役立ちます．

　逆にいうと，対象（応答変数）の分布が，無数の独立な確率変数の和として考えることができる場合には，その分布として正規分布を仮定できそうです．なぜなら中心極限定理によって，その原理的な根拠を示せるからです（ただし経験的に正しいことを保証するものではありません）．

5.6　対数正規分布

- 実現値: $y \in \mathbb{R}^+$
- パラメータ: $\mu \in \mathbb{R}$, $\sigma \in \mathbb{R}^+$
- 確率密度関数: $\mathrm{Lognormal}(y|\mu, \sigma) = \dfrac{1}{\sqrt{2\pi}\sigma y} \exp\left\{-\dfrac{(\log y - \mu)^2}{2\sigma^2}\right\}$
- 平均: $\exp\left\{\mu + \dfrac{\sigma^2}{2}\right\}$, 標準偏差: $\exp\left\{\mu + \dfrac{\sigma^2}{2}\right\} \sqrt{e^{\sigma^2} - 1}$

　確率変数 X が平均 μ，標準偏差 σ の正規分布に従っているとき，$Y = e^X$ と定義すると，確率変数 Y の分布は**対数正規分布**（lognormal distribution）に従います．

$$Y = e^X \iff \log Y = X$$

なので，対数正規分布とは，《対数をとると正規分布になるような確率変数》といえます．正規分布の対数をとった確率変数を対数正規分布と呼ぶのではないことに注意してください．分布関数は

$$F(a) = \int_0^a \frac{1}{\sqrt{2\pi}\sigma y} \exp\left\{-\frac{(\log y - \mu)^2}{2\sigma^2}\right\} dy$$

です．$P(Y < a)$ という確率に対応する積分を $x = \log y$ とおいて変数変換

5.6 対数正規分布 81

します[*3]. 置換積分の定理を使えば, $y = e^x$ より $dy/dx = e^x$ だから

$$
\begin{aligned}
P(Y < a) &= \int_0^a \frac{1}{\sqrt{2\pi}\sigma y} \exp\left\{-\frac{(\log y - \mu)^2}{2\sigma^2}\right\} dy \\
&= \int_{\log(0)}^{\log(a)} \frac{1}{\sqrt{2\pi}\sigma e^x} \exp\left\{-\frac{(x - \mu)^2}{2\sigma^2}\right\} e^x dx \\
&= \int_{-\infty}^{\log(a)} \frac{1}{\sqrt{2\pi}\sigma} \exp\left\{-\frac{(x - \mu)^2}{2\sigma^2}\right\} dx = P(X < \log a)
\end{aligned}
$$

です. 最後の式は正規分布の分布関数に一致します. この計算から, $X = \log Y$ と変換すれば, X が正規分布に従うことがわかります.

ところで $X = \log Y$ あるいは $Y = e^X$ と変換することの実質的な意味はなんでしょうか. たとえば, アタリが出ると所持金が $e \approx 2.718$ 倍になるギャンブルを, n 回繰り返したときの所持金の確率分布を考えてみます（単純化のため, はずれたときは 0 円獲得すると仮定します）.

最初に持っている金額を 1 円とすれば, x 回アタリが出たときの所持金は e^x 円です. 各回の試行でアタリが出る確率を p とおけば, n 回中 x 回アタリが出る確率は 2 項分布 Binomial(n, p) に従います（5.2 節）.

アタリ回数を確率変数 X で表すならば, n が十分に大きいとき X の分布は正規分布に近づいていきます. そこでアタリ回数 X が正規分布に従うと仮定すると, 所持金 Y は確率変数 $Y = e^X$ で表すことができます. ゆえに所持金の分布は, 対数正規分布によって表せます. すなわち

$$
Y \sim \text{Lognormal}(np, \sqrt{np(1-p)})
$$

です. 直感的にいえば対数正規分布はランダムなチャンスによって指数的に増えていく量を表す分布です. 第 10 章では, この性質を利用して所得の生成メカニズムをトイモデル化します.

[*3] 置換積分の定理は次のとおりです. 関数 $f(x)$ が区間 $[a, b]$ で連続であり $x = g(t)$ が連続な導関数 $dx/dt = g'(t)$ をもち, t の値 α, β に対して $\alpha = g^{-1}(a), \beta = g^{-1}(b)$ ならば

$$
\int_a^b f(x)dx = \int_\alpha^\beta f(g(t))g'(t)dt.
$$

5.7 ベータ分布

- 実現値: $x \in (0, 1)$
- パラメータ: $a \in \mathbb{R}^+, b \in \mathbb{R}^+$
- 確率密度関数: $\mathrm{Beta}(x|a, b) = \dfrac{x^{a-1}(1-x)^{b-1}}{\mathrm{B}(a, b)}$
- 平均: $\dfrac{a}{a+b}$, 標準偏差: $\dfrac{\sqrt{ab}}{(a+b)\sqrt{a+b+1}}$

ベータ分布（beta distribution）は実現値が区間 $(0, 1)$ に収まるような連続確率変数の分布です．確率密度関数の分母 $\mathrm{B}(a, b)$ は**ベータ関数**と呼ばれ，その定義は

$$\mathrm{B}(a, b) = \int_0^1 t^{a-1}(1-t)^{b-1} dt$$

です．一見すると複雑な関数ですが，分母 $\mathrm{B}(a, b)$ は確率密度関数の分子の積分

$$\frac{x^{a-1}(1-x)^{b-1}}{\mathrm{B}(a, b)} = \frac{x^{a-1}(1-x)^{b-1}}{\int_0^1 t^{a-1}(1-t)^{b-1} dt}$$

です．確率密度関数を $(0, 1)$ の範囲で x に関して積分すると

$$\int_0^1 \frac{x^{a-1}(1-x)^{b-1}}{\int_0^1 t^{a-1}(1-t)^{b-1} dt} dx = \frac{\int_0^1 x^{a-1}(1-x)^{b-1} dx}{\int_0^1 t^{a-1}(1-t)^{b-1} dt} = 1$$

なので，確かに確率密度関数の条件を満たしています．

ベータ分布の確率密度関数のグラフは，パラメータ a, b の値に応じてさまざまな形に変化します（図 5.2）．

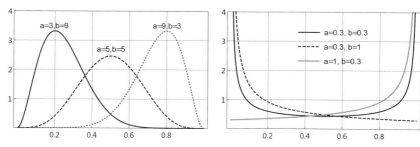

図 5.2 ベータ分布の確率密度関数

この特徴を利用すれば，《0.5 付近》や《0.2 付近》に最頻値があるような分布を思いどおりに表現できます．ベータ分布は $(0, 1)$ の範囲で収まるため，モデル内で確率そのものを確率変数として表現したいときに便利な分布です．

5.8 ベータ 2 項分布

- 実現値: $x \in \{0, 1, 2, \ldots, n\}$
- パラメータ: $a \in \mathbb{R}^+,\ b \in \mathbb{R}^+,\ n \in \mathbb{Z}^+$
- 確率質量関数:
$$\mathrm{BetaBinomial}(x|a, b, n) = {}_nC_x \frac{\mathrm{B}(a + x, b + n - x)}{\mathrm{B}(a, b)}$$
- 平均: $\dfrac{an}{a + b}$, 標準偏差: $\dfrac{\sqrt{abn(a + b + n)}}{(a + b)\sqrt{a + b + 1}}$

ベータ 2 項分布（beta binomial distribution）は読んで字のとおり，ベータ分布と 2 項分布を組み合わせた分布です．このように分布どうしを組み合わせて新たな分布をつくる操作は，統計モデリングでは大変役立ちます．

X がパラメータ n, p をもつ 2 項分布に従い，さらに p がパラメータ a, b をもつベータ分布に従うと仮定します．

$$X \sim \mathrm{Binomial}(n, p)$$
$$p \sim \mathrm{Beta}(a, b)$$

条件付き確率分布の定義（3.1 節参照）から

$$f(x|p) = \frac{f(x, p)}{f(p)} \qquad \text{定義より}$$
$$f(x|p)f(p) = f(x, p) \qquad \text{両辺に } f(p) \text{ をかける}$$
$$f(x, p) = f(x|p)f(p) \qquad \text{左右を入れ替える}$$

です．したがって，x, p の同時確率関数 $f(x, p)$ は

$$f(x, p) = f(x|p)f(p) = {}_nC_x p^x (1 - p)^{n-x} \cdot \frac{1}{\mathrm{B}(a, b)} p^{a-1}(1 - p)^{b-1}$$

です．この同時確率関数から，確率変数 X の周辺分布を計算して求めます．そのために p で積分して $f(x, p)$ から p を消去しましょう．p がとりうる範

囲は $[0, 1]$ なので，X の確率質量関数（周辺分布）は次の積分で与えられます．

$$f(x) = \int_0^1 f(x, p) dp$$

$$= \int_0^1 {}_nC_x p^x (1-p)^{n-x} \cdot \frac{1}{\mathrm{B}(a, b)} p^{a-1}(1-p)^{b-1} \, dp$$

$$= \frac{1}{\mathrm{B}(a, b)} {}_nC_x \int_0^1 p^x (1-p)^{n-x} p^{a-1}(1-p)^{b-1} \, dp$$

p を含まない項を積分の外に出す

$$= \frac{1}{\mathrm{B}(a, b)} {}_nC_x \int_0^1 p^{x+a-1}(1-p)^{n-x+b-1} \, dp$$

$$= {}_nC_x \frac{\mathrm{B}(a+x, b+n-x)}{\mathrm{B}(a, b)}. \qquad \text{ベータ関数の定義を使う}$$

つまりパラメータ p がベータ分布 $\mathrm{Beta}(a, b)$ に従う場合，n 回の試行で x 回注目事象が生じる確率は，確率質量関数

$$P(X = x) = {}_nC_x \frac{\mathrm{B}(a+x, b+n-x)}{\mathrm{B}(a, b)}$$

で定義できます．この分布は 2 項分布とベータ分布を組み合わせてつくった分布なので，ベータ 2 項分布と呼ばれています．

5.9　ガンマ分布

- 実現値: $y \in \mathbb{R}^+$
- パラメータ: $\alpha \in \mathbb{R}^+$, $\beta \in \mathbb{R}^+$
- 確率密度関数: $\mathrm{Gamma}(y | \alpha, \beta) = \dfrac{\beta^\alpha}{\Gamma(\alpha)} y^{\alpha-1} e^{-\beta y}$
- 平均: α/β, 標準偏差: $\sqrt{\alpha}/\beta$

　ガンマ分布（gamma distribution）は指数分布（ある事象が発生するまでの時間の分布）から導出することができます．いま，あるイベントが生じるまでの時間 T が，パラメータ β の指数分布に従うとします．

$$T \sim \mathrm{Exponential}(\beta)$$

5.9 ガンマ分布

このような確率変数 T が α 個あって，互いに独立であると仮定します．

$$T_1, T_2, \ldots, T_\alpha \text{は互いに独立で同じ指数分布に従う}$$

これらの和で新しい確率変数 Y をつくります．

$$Y = T_1 + T_2 + \cdots + T_\alpha$$

すると Y はパラメータ α, β のガンマ分布に従います（$Y \sim \mathrm{Gamma}(\alpha, \beta)$）．確率密度関数の分母 $\Gamma(\alpha)$ は**ガンマ関数**と呼ばれ，α が整数のとき

$$\Gamma(\alpha) = (\alpha - 1)!$$

です．$\alpha = 1$ のときは，$Y = T_1$ なので，Y は指数分布と一致します．実際，上に示した確率密度関数に $\alpha = 1$ を代入してみると

$$f(y) = \frac{\beta^\alpha}{\Gamma(\alpha)} y^{\alpha-1} e^{-\beta y}$$

$$= \frac{\beta^1}{\Gamma(1)} y^{1-1} e^{-\beta y} = \beta y^0 e^{-\beta y} = \beta e^{-\beta y}$$

となり，確かに指数分布の確率密度関数に一致します．

$\alpha = 2$ の場合について，たたみこみを計算して確率密度関数を導出してみましょう．T_1, T_2 がパラメータ λ の指数分布に従うと仮定します．この 2 つを足して新たな確率変数 Y をつくります．

$$Y = T_1 + T_2.$$

T_1, T_2, Y の確率密度関数を $f(t_1), g(t_2), h(y)$ とおきます．$y = t_1 + t_2$ と $t_1, t_2 > 0$ という制約から t_1 の範囲は $0 < t_1 < y$ となります．

$$
\begin{aligned}
h(y) &= \int_0^y f(t_1) g(y - t_1) dt_1 && \text{たたみこみの定理より} \\
&= \int_0^y \lambda e^{-\lambda t_1} \lambda e^{-\lambda(y-t_1)} dt_1 && \text{指数分布の定義より} \\
&= \lambda^2 \int_0^y e^{-\lambda t_1} e^{-\lambda(y-t_1)} dt_1 && \lambda^2 \text{を外に出す} \\
&= \lambda^2 \int_0^y e^{-\lambda t_1 - \lambda(y-t_1)} dt_1 && \text{指数部をまとめる} \\
&= \lambda^2 \int_0^y e^{-\lambda y} dt_1 = \lambda^2 e^{-\lambda y} \int_0^y 1\, dt_1 && \text{指数関数を外に出す}
\end{aligned}
$$

$$= \lambda^2 e^{-\lambda y} [t_1]_0^y = \lambda^2 e^{-\lambda y} y \qquad \text{定積分を計算する}$$

この結果，$h(y)$ は確かにガンマ分布の確率密度関数に一致します．以上を繰り返して α 個の指数分布を足すと，やはりガンマ分布を得ます．

　本章では，モデリングでよく用いる代表的な確率分布を紹介しました．確率分布○○の定義は○○だ，とだけ暗記していても，自分でモデルをつくる際になかなかその知識を応用できません．

　本章で示したように，確率分布は，より単純な確率分布の和や変換によってしばしば導出できます．その過程を自分でフォローして再現する体験は，確率モデルを自分の手でつくるよい練習になります．ですから新しい分布を知ったら，どこからその分布が導出されたのかを一度立ち止まって確認することをお勧めします．定義だけを暗記する必要はありません．導出のプロセスが大事なのです．

まとめ

　　各種分布のワンポイント

- ベルヌーイ分布: あらゆる現象の基礎．汎用度が高い
- 2 項分布: 使いやすい．まずはここからモデリング
- ポアソン分布: レアなイベントやランダムなイベントの回数に
- 指数分布: 何かが起こるまでの時間．ポアソン分布と相性がよい
- 正規分布: うまく中心極限定理と合わせて使おう．定番
- ベータ分布: パラメータで変幻自在．確率も表現可能
- 対数正規分布: 指数的に増加する量の表現に
- ベータ 2 項分布: 2 項分布を拡張したいときに
- ガンマ分布: 指数分布の合成に．ポアソン分布の共役事前分布

第6章

エントロピーとカルバック–ライブラー情報量

　本章では，統計モデルの評価と比較のための指標を導入する前準備として，主にエントロピーとカルバック–ライブラー情報量の概念を導入します．そのため，本章では少し理論的な話が続きますので，もし応用のみに関心がある場合は，本章を飛ばしていただいてもかまいません．ですが，本章の内容は，統計モデリングにおけるモデル比較の方法を統一的に理解するための土台となりますので，ぜひ後からでもフォローしてほしいと思います．

6.1　ハートのエースが出てこない

　大昔の流行歌に「ハートのエースが出てこない」(キャンディーズ，1975年) という歌があります．恋占いで恋愛成就を意味するハートの1が出てこないという他愛のない歌詞ですが，ここで問題にしたいのは，ハートのエースの出現がどれくらいめずらしいのか，あるいは，恋占いにおける「ハートのエース」という情報にどれくらいの価値があるのか，です．

　まず，ハート，スペード，ダイヤ，クローバーのなかから1つの絵柄を選ぶことを考えます．それぞれのエースを裏返して，ハートが出ることを期待して，そこからトランプを1枚引いたときに，そのカードが「ハート」だったという情報にどの程度の価値があるでしょうか．つまり，ハートだったときにどれくらい「びっくり」するかです．このとき，トランプの種類は全部

で 4 種類で，出やすさはどれも同程度だと考えられます．そこで，情報の価値は 4 つのうちの 1 つという「場合の数」の大きさに依存すると考えます．これを関数 $f(4)$ で表し，情報量と呼びます．

次に，ハートの 13 枚のトランプから 1 枚を引きます．このとき，「エース」だったことにどの程度の情報の価値があるでしょうか．このとき場合の数は 13 ですので，情報量は $f(13)$ です．

最後に，ジョーカーを抜いた 52 枚のトランプを考えます．そこから，1 枚引いたときに「ハートのエース」の情報量は，場合の数の関数として $f(52)$ となります．

では，これらの情報量の間にどのような関係が考えられるでしょうか．

まず，4 種類あるトランプの絵柄からハートを抽選で選び，さらに 13 枚のハートの組のなかから 1 枚のエースを引いたときの驚きの程度と，いきなり 52 枚のなかから「ハートのエース」を引いたときの驚きの程度は，同じだと考えてよさそうです．つまり，ハートの情報量とエースの情報量の和は，ハートのエースの情報量と同じだと考えられます．ゆえに，

$$f(52) = f(4) + f(13)$$

が成り立つと期待できます．

次に，4 枚から 1 枚より，13 枚から 1 枚，さらには 52 枚から 1 枚のほうが，驚きはより大きいでしょう．つまり，場合の数の大きさによって情報量が大きくなると期待できます．

$$f(4) \leq f(13) \leq f(52)$$

最後に，1 枚から 1 枚の場合，たとえば，「ハートのエース」1 枚だけのなかから 1 枚を引くことは，なんの驚きもないので，この場合の情報量は 0 だと考えられます．つまり，

$$f(1) = 0.$$

これらの性質を満たす情報量の関数 f はどのようなものでしょうか．

6.2 情 報 量

一般的に，場合の数 $m, n \in \{0, 1, 2, \ldots\}$ について，以下の条件を満たす関数 f を情報量として定義しましょう．

$$f(mn) = f(m) + f(n) \tag{6.1}$$

$$n \le m \Longrightarrow f(n) \le f(m) \tag{6.2}$$

$$f(1) = 0 \tag{6.3}$$

これらの条件を満たす情報量の関数 f として

$$f(n) = K \log n = -K \log \frac{1}{n}$$

が定まります[*1]．ただし，K は正の定数で，通常は対数の底を変換するために使われます．以下では，$K = 1$ を仮定します[*2]．

[*1] 連続変数を仮定した場合の簡便な証明を紹介します (甘利 2011: 11–8)．条件 (6.1) より，$x \in \mathbb{R}$ についての微分可能な関数 $f(x)$ が

$$f(xy) = f(x) + f(y)$$

を満たすとします．$y = (1 + \varepsilon)$ とおくと

$$f(x(1 + \varepsilon)) = f(x + x\varepsilon) = f(x) + f(1 + \varepsilon),$$

ここから $f(x)$ を移項して，両辺を $x\varepsilon$ で割ると，

$$\frac{f(x + x\varepsilon) - f(x)}{x\varepsilon} = \frac{f(1 + \varepsilon)}{\varepsilon} \frac{1}{x}$$

を得ます．$\varepsilon \to 0$ のとき，左辺は導関数の定義そのものなので，

$$f'(x) = K \frac{1}{x}$$

ただし，$K = \lim_{\varepsilon \to 0} f(1 + \varepsilon)/\varepsilon$ です．この両辺を積分することで，

$$f(x) = K \log x + C$$

を得ます．C は積分定数ですが，条件 (6.3) より $C = 0$，また，条件 (6.2) より K は正の定数です．

[*2] たとえば，$K = \log_2 e$ であれば，

$$f(n) = \log_2 e \times \log_e n = \log_2 e \frac{\log_2 n}{\log_2 e} = \log_2 n$$

となります．このときの単位はビット (bit) になります．

これにより，「ハートのエース」の情報量は

$$\text{ハートの情報量} : \log 4 \approx 1.39$$
$$\text{エースの情報量} : \log 13 \approx 2.56$$
$$\text{ハートのエースの情報量} : \log 52 \approx 3.95$$

と計算できます．また，式 (6.1) の加法性を満たすことが確認できます．

さて，4 つのトランプの絵柄から 1 つを選択する試行を離散確率変数 X とみなしましょう．その実現値 $1, 2, 3, 4$ はそれぞれハート，スペード，ダイヤ，クローバーを表すとします．このとき，それぞれの値の実現は同程度に確からしいので，ハートが選ばれる確率は

$$P(X = 1) = \frac{1}{4}$$

です．また，ハートの 13 枚から選ばれた 1 枚を確率変数 $Y = 1, 2, \cdots, 13$ で表すと，それぞれ同程度に確からしいので，エースが選ばれる確率は

$$P(Y = 1) = \frac{1}{13}$$

です．さらに，ハートのエースが選ばれる確率は，それぞれの試行が独立ならば，

$$P(X = 1,\, Y = 1) = P(X = 1)P(Y = 1) = \frac{1}{52}$$

となります．つまり，それぞれの情報量はそれぞれの確率の関数であり，具体的には，確率の対数をとって符号を反転した関数ともみなせます．

そこで，より一般的に（自己）情報量 (self information) を以下のように定義しましょう．

定義 13 (情報量). 離散確率変数 X の実現値 x が生起したときの情報量を

$$I(X = x) = -\log P(X = x)$$

と定義する．また，I を確率 $p = P(X = x)$ の関数として，以下のように表記することもある．

$$I(p) = -\log p$$

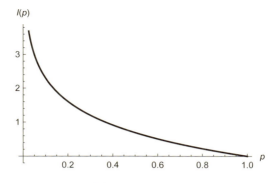

図 6.1 確率 p についての情報量 $I(p)$

図 6.1 は，確率 p についての情報量 $I(p)$ のグラフを表しています．確率が低くめったに生起しない事象ほど生起した場合の情報量が大きく，逆に生起確率が高い事象ほど情報量は小さくなる様子が確認できます．

6.3 エントロピー

ここで，ベルヌーイ分布に従うベルヌーイ確率変数

$$Y \sim \text{Bernoulli}(q)$$

について考えてみましょう．1 が出る（成功する）確率がものすごく低い場合，たとえば $P(Y=1) = 0.01$ であれば，1 の情報量は

$$I(Y=1) = -\log 0.01 \approx 4.61$$

となり，大きな情報量をもちますが，そもそも確率が低いので，このような情報を得る期待も低くなります．逆に，0 が出る（失敗する）確率が高い場合，たとえば $P(Y=0) = 0.99$ であれば，0 が出るときの情報量は

$$I(Y=0) = -\log 0.99 \approx 0.01$$

と小さいですが，確率が高いので情報を得る期待は高いでしょう．

そこで，情報量の期待値によって，確率試行において期待される情報量を測ります．これが**エントロピー** (information entropy) です．平均情報量ともいいます．

> **定義 14** (エントロピー). 離散確率変数 X のエントロピー $H(X)$ を，情報量の期待値として
> $$H(X) = \mathbb{E}[I(X)]$$
> $$= -\sum_{i=1}^{n} P(X = x_i) \log P(X = x_i)$$
> と定義する．$P(X = x_i) = 0$ のとき，$0 \cdot \log 0 = 0$ と約束する．また，確率質量関数 $f(x)$ を用いて，以下のように表記することもある．
> $$H(f) = -\sum_{i=1}^{n} f(x_i) \log f(x_i)$$

ベルヌーイ確率変数 Y のエントロピーは，$P(Y = 1) = q$, $P(Y = 0) = 1 - q$ とすると，
$$H(Y) = -q \log q - (1 - q) \log(1 - q)$$
です．$H(Y)$ を q の関数とみなして，q で微分して 0 とおくと，
$$\frac{dH}{dq} = 0 \iff \log(1 - q) = \log q$$
$$\frac{d^2 H}{dq^2} = -\frac{1}{q} - \frac{1}{1 - q} < 0$$
より，$q = 1/2$ でエントロピーは最大になります．

図 6.2 は，q ごとのベルヌーイ確率変数のエントロピーを示しています．

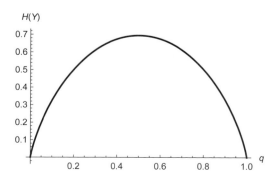

図 6.2 ベルヌーイ確率変数 Y のエントロピー $H(Y)$

6.4 連続確率変数のエントロピー 93

結局,「五分五分」が一番不確実性が高いので,試行による平均的な情報量が大きくなるのです.

6.4 連続確率変数のエントロピー

次に,連続確率変数のエントロピーを定義しましょう[*3].

> **定義 15** (連続エントロピー). $A \subset \mathbb{R}$ 上で定義された確率密度関数 $f(x) > 0$ をもつ連続確率変数 X のエントロピーを,
>
> $$H(X) = H(f) = -\int_A f(x) \log f(x) dx$$
>
> と定義する.

一例として,正規分布 $\mathrm{Normal}(\mu, \sigma)$ に従う連続確率変数 X のエントロピーを考えます.確率密度関数は

$$f(x) = \mathrm{Normal}(x|\mu, \sigma) = \frac{1}{\sqrt{2\pi\sigma^2}} \exp\left\{-\frac{(x-\mu)^2}{2\sigma^2}\right\}$$

です.そこで,両辺の対数をとって符号を逆転させると,

$$-\log f(x) = -\log\left[\frac{1}{\sqrt{2\pi\sigma^2}}\exp\left\{-\frac{(x-\mu)^2}{2\sigma^2}\right\}\right] \qquad \text{対数をとってマイナス}$$

$$= -\log(2\pi\sigma^2)^{-1/2} - \log\left[\exp\left\{-\frac{(x-\mu)^2}{2\sigma^2}\right\}\right] \qquad \text{積の対数の性質より}$$

$$= \frac{(x-\mu)^2}{2\sigma^2} + \frac{1}{2}\log(2\pi\sigma^2) \qquad \text{対数と exp の性質より}$$

です.ゆえに,エントロピーは

$$H(X) = \int_{-\infty}^{\infty} [-\log f(x)] f(x) dx \qquad \text{定義より}$$

[*3] この定義は,離散変数のエントロピーからの自然な拡張ではなく,連続化によって発散する定数項を無視した定義になっています.ですので,連続変数のエントロピーには絶対的な意味はなく,あくまで相対的な値です (甘利 2011: 187–94).なお,多次元連続確率分布についてのエントロピーも同様に定義することができますが,ここでは,説明の単純化のため,1 次元の定義で議論を進めます.

$$= \int_{-\infty}^{\infty} \left[\frac{(x-\mu)^2}{2\sigma^2} + \frac{1}{2}\log(2\pi\sigma^2) \right] f(x)dx \quad \text{変形を代入}$$

$$= \frac{1}{2\sigma^2} \int_{-\infty}^{\infty} (x-\mu)^2 f(x)dx + \frac{1}{2}\log(2\pi\sigma^2) \quad \text{関数の和の積分より}$$

ここで，分散の定義より $\sigma^2 = \int_{-\infty}^{\infty} (x-\mu)^2 f(x)dx$ であることから，結局，

$$H(X) = \frac{1}{2}\left(1 + \log(2\pi\sigma^2)\right)$$

を得ます．結局，正規分布のエントロピーは標準偏差 σ の増加関数であることがわかりました．

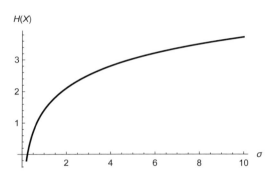

図 6.3 正規確率変数 X のエントロピー $H(X)$

図 6.3 は，標準偏差 σ ごとの正規分布のエントロピーを表しています．分布のばらつきが大きくなるほど，平均まわりのありふれた値ばかりではなく，いろいろな値が実現する可能性が高まり，エントロピーが大きくなることが見てとれます．

6.5　カルバック–ライブラー情報量

次に，2 つの確率分布を比較することを考えましょう．確率分布 $q(x)$ を基準にして，$p(x)$ がどれくらい近いかを見たいとします．そのとき用いられるのが**カルバック–ライブラー情報量** (Kullback–Leibler (KL) divergence) です[*4]．ここでは，1 次元連続確率分布についての定義を導入します．

[*4] KL 情報量の導入としては，渡辺・村田 (2005) の第 7 章も参考になります．

6.5 カルバック–ライブラー情報量 95

定義 16 (KL 情報量). $A \subset \mathbb{R}$ 上で定義された連続確率密度関数
$q(x), p(x) > 0$ についてのカルバック–ライブラー情報量を,

$$D(q||p) = \int_A q(x) \log \frac{q(x)}{p(x)} dx$$

と定義する.

KL 情報量は $q(x)$ と $p(x)$ の比の対数を一種の情報量とみなして, そ
の期待値を $q(x)$ についてとったものであり, **相対エントロピー** (relative
entropy) とも呼ばれます.

KL 情報量の重要な 2 つの特性として, 以下の 2 つがあげられます[*5].

(1) 任意の $q(x), p(x)$ について, $D(q||p) \geq 0$.

[*5] 証明は以下のとおりです (Watanabe 2009: 3–4). まず, 証明を進める便宜上, $t > 0$
についての実数値関数 $S(t) = -\log t + t - 1$ を導入します. $S'(t) = 1 - 1/t, S'(1) =$
$0, S''(t) = 1/t^2 > 0$ より, S は $t = 1$ を最小点とする下に凸の関数であることがわか
ります. また, $t = 1$ のとき, $S(1) = 0$ です. これらのことから

$$\forall t \in (0, \infty), \ S(t) \geq 0 \tag{6.4}$$
$$S(t) = 0 \Longleftrightarrow t = 1 \tag{6.5}$$

がいえます. 次に, $t = p(x)/q(x)$ とおくと,

$$S\left(\frac{p(x)}{q(x)}\right) = \log \frac{q(x)}{p(x)} + \frac{p(x)}{q(x)} - 1$$

です. 両辺を $q(x)$ で期待値をとると,

$$\int_A S\left(\frac{p(x)}{q(x)}\right) q(x)dx = \int_A \left[\log \frac{q(x)}{p(x)} + \frac{p(x)}{q(x)} - 1\right] q(x)dx$$
$$= \int_A q(x) \log \frac{q(x)}{p(x)} dx + \int_A p(x)dx - 1$$
$$= D(q||p)$$

となります. 式 (6.4) より,

$$D(q||p) = \int_A S\left(\frac{p(x)}{q(x)}\right) q(x)dx \geq 0$$

となり, 特性 (1) が導かれました. また, 式 (6.5) より,

$$D(q||p) = 0 \Longleftrightarrow \forall x, \frac{p(x)}{q(x)} = 1$$

なので, 特性 (2) が導かれました. 以上で証明は終わりです.

(2) 任意の x について，$q(x) = p(x)$ のとき，そのときにかぎり，$D(q||p) = 0$.

これらの特性より，KL 情報量 $D(q||p)$ は，$q(x)$ に対する $p(x)$ の近さを非負の値で示す指標であり，2 つの分布が完全に等しいときに，最小値 0 をとることがわかります．

これらの性質を利用して，与えられた $q(x)$ に対して，$D(q||p)$ を最小にする $p(x)$ を見つける課題が統計的推測です (渡辺 2012: 209).

具体例として，標準正規分布を真の分布 $q(x)$ として，異なるパラメータをもつ正規分布 $p(x)$ との分布間の近さを観察しましょう．$q(x), p(x)$ それぞれの確率密度関数は，

$$q(x) = \mathrm{Normal}(x|0, 1) = \frac{1}{\sqrt{2\pi}} \exp\left\{-\frac{x^2}{2}\right\}$$

$$p(x) = \mathrm{Normal}(x|\mu, \sigma) = \frac{1}{\sqrt{2\pi\sigma^2}} \exp\left\{-\frac{(x-\mu)^2}{2\sigma^2}\right\}$$

です．そこで，

$$\frac{q(x)}{p(x)} = \frac{\frac{1}{\sqrt{2\pi}} \exp\left\{-\frac{x^2}{2}\right\}}{\frac{1}{\sigma\sqrt{2\pi}} \exp\left\{-\frac{(x-\mu)^2}{2\sigma^2}\right\}}$$

$$= \exp\left\{-\frac{x^2}{2} + \frac{(x-\mu)^2}{2\sigma^2}\right\} \sigma$$

を得ます．この両辺の対数をとると，

$$\log \frac{q(x)}{p(x)} = -\frac{x^2}{2} + \frac{x^2 - 2x\mu + \mu^2}{2\sigma^2} + \log \sigma$$

です．次にこの両辺を $q(x)$ で期待値をとります．期待値を計算する分布を明確にするために，期待値の記号を $\mathbb{E}_{q(X)}[X]$ と書きます．$q(x)$ の平均は $\mathbb{E}_{q(X)}[X] = 0$，分散は $\mathbb{E}_{q(X)}[X^2] = 1$ であることに留意すると，

$$D(q||p) = \mathbb{E}_{q(X)}\left[\log \frac{q(X)}{p(X)}\right] \qquad \text{定義より}$$

$$= \mathbb{E}_{q(X)}\left[-\frac{X^2}{2} + \frac{X^2 - 2X\mu + \mu^2}{2\sigma^2} + \log \sigma\right] \qquad \text{変形を代入}$$

$$
\begin{aligned}
&= -\frac{1}{2}\mathbb{E}_{q(X)}[X^2] \\
&\quad + \frac{1}{2\sigma^2}\left(\mathbb{E}_{q(X)}[X^2] - 2\mathbb{E}_{q(X)}[X]\mu + \mu^2\right) + \log\sigma \quad \text{期待値の和に分解} \\
&= -\frac{1}{2} + \frac{1}{2\sigma^2}\left(1 - \mu^2\right) + \log\sigma \quad\quad\quad\quad\quad\quad \text{平均と分散の値を代入}
\end{aligned}
$$

を得ます．結局，KL 情報量 $D(q\|p)$ は $p(x)$ のパラメータ μ, σ の関数として表せることがわかりました．

図 6.4 は，標準正規分布を真の分布 $q(x)$ として，$p(x)$ のパラメータ μ を変化させた場合の KL 情報量の挙動です．ここでは，$\sigma = 1$ と固定しています．$\mu = 0$ のとき，両分布は一致します．そこから外れるほど，KL 情報量は大きくなります．同様に，図 6.5 は，$\mu = 0$ のとき，p のパラメータ σ を変化させた場合の KL 情報量の挙動です．$\sigma = 1$ から外れるほど KL 情報量が大きくなる様子が確認できます．

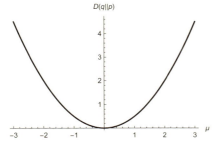
図 6.4 正規分布間の KL 情報量（標準正規分布を真の分布 q として p のパラメータ μ が変化，$\sigma = 1$）

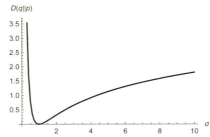
図 6.5 正規分布間の KL 情報量（標準正規分布を真の分布 q として p のパラメータ σ が変化，$\mu = 0$）

6.6　交差エントロピー

次に，カルバック–ライブラー情報量に関連して，**交差エントロピー** (cross entropy) を定義します．

定義 17（交差エントロピー）．$A \subset \mathbb{R}$ 上で定義された確率密度関数

> $q(x), p(x) > 0$ について，$q(x)$ と $p(x)$ の交差エントロピーを，
>
> $$H_q(p) = -\int_A q(x) \log p(x) dx$$
>
> と定義する．

交差エントロピーは，$q(x)$ が真の分布であるとき，情報量として $-\log q(x)$ のかわりに $-\log p(x)$ を仮定することで得られる平均情報量といえます．

さて，KL 情報量 $D(q\|p)$ は，

$$
\begin{aligned}
D(q\|p) &= \int_A q(x) \log \frac{q(x)}{p(x)} dx \\
&= -\int_A q(x) \log p(x) dx + \int_A q(x) \log q(x) dx \\
&= H_q(p) - H(q)
\end{aligned}
$$

と交差エントロピーから q のエントロピーを引いたものと書き直すことができます．さらに，交差エントロピーは，q のエントロピーと KL 情報量によって，

$$H_q(p) = H(q) + D(q\|p)$$

と分解することができます．このことは，次のように解釈できます．

$q(x)$ が真の分布のとき，$-\log q(x)$ のかわりに $-\log p(x)$ を仮定した場合に，$H_q(p)$ の計算には $q(x)$ そのものの平均情報量 $H(q)$ に加えて，$q(x)$ から $p(x)$ の距離についての KL 情報量 $D(q\|p) \geq 0$ が必要となる．つまり，KL 情報量 $D(q\|p)$ は，$q(x)$ が真の分布のときに $p(x)$ の分布を仮定することで生じる非効率さの測度ともいえます (Cover & Thomas 2006=2012: 18)．

さて，$q(x)$ は真の分布で，私たちにとって「未知の」分布でした．一方，$p(x)$ は，私たちがつくった確率モデル，あるいは，モデルから導出した予測分布であるとしましょう．$q(x)$ のエントロピーは未知ですが，なんらかの定数です．つまり，真の分布からモデル $p(x)$ の近さ $D(q\|p)$ は，未知の定数部分をのぞくと，交差エントロピー $H_q(p)$ の大きさと完全に一致します．さらに，2 つの確率モデルもしくは予測分布 $p_1(x), p_2(x)$ があったときに，真の分布 q を基準とした，それぞれの KL 情報量の差は

$$D(q\|p_1) - D(q\|p_2) = H_q(p_1) - H_q(p_2)$$

となりますので，交差エントロピーの差と等しくなります．

以上の考察から，交差エントロピーをデータから推定できれば，モデルの真の分布への相対的な近さを評価できることがわかりました．

6.7　汎化損失

以上の話をベイズ統計モデリングにおけるモデル評価に敷衍しましょう．

なんらかの確率モデルとデータから得た予測分布 $p^*(x)$ を考えます．真の分布 $q(x)$ と予測分布の交差エントロピーを，渡辺 (2012) にならって，**汎化損失** (generalization loss) と呼び，G_n と表します．汎化損失 G_n の定義は次のとおりです．

$$
\begin{aligned}
G_n &= -\mathbb{E}_{q(X)}[\log p^*(X)] \\
&= -\int \log p^*(x) q(x) dx \\
&= \underbrace{H(q)}_{\text{真の分布のエントロピー}} + \underbrace{D(q\|p^*)}_{\text{真の分布と予測分布の KL 情報量}}
\end{aligned}
$$

G_n は $q(x)$ のエントロピーにおいて $-\log q(x)$ のかわりに，$-\log p^*(x)$ を仮定した式だとみなせます．

また，予測分布 $p^*(x)$ の情報量として，すでに予測分布の導出に用いたデータ $x^n = (x_1, x_2, \cdots, x_n)$ を入れて，相加平均をとったものを**経験損失** (training loss) といいます．つまり，

$$
T_n = -\frac{1}{n} \sum_{i=1}^{n} \log p^*(x_i).
$$

経験損失を使って，汎化損失をデータから推定する方法として，最尤推定予測分布についての AIC，ベイズ予測分布についての WAIC を導入します．

6.8　AIC

最尤法を用いた場合について，以下のことを想定します．

- 真の分布：$q(x) = p(x|\theta)$，つまり，想定される確率モデルのなかに真の分布が含まれる．これを実現可能という（30 ページの定義 8 参照）．

100   6. エントロピーとカルバック–ライブラー情報量

- サンプル：$X^n \sim q(x^n) = \prod q(x)$，つまり，サンプルは独立かつ同一の真の分布に従う[*6].
- 確率モデル（尤度）：$p(x^n|\theta)$.
- $q(x)$ は確率モデルについて正則と仮定する[*7].

第2章でみたように，サンプル X^n の実現値として x^n が与えられたとき，最尤推定値 $\hat{\theta}$ は，確率モデルの θ についての最大化問題として

$$\hat{\theta} = \arg \max_{\theta} p(x^n|\theta)$$

と解くことができました．そして，最尤推定値をもとにした予測分布は

$$p^*(x) = p(x|\hat{\theta})$$

でした．

最尤推定のとき，汎化損失は

$$\begin{aligned} G_n &= -\mathbb{E}_{q(X)}[\log p^*(X)] \\ &= -\mathbb{E}_{q(X)}[\log p(X|\hat{\theta})] \\ &= -\int \log p(x|\hat{\theta})q(x)dx \end{aligned}$$

です．これは**平均対数尤度** (expected log likelihood) といわれる値の符号を反転させたものに一致します．平均対数尤度が大きくなるほど，汎化損失は小さくなるので，平均対数尤度の大きさは予測のよさを示していると考えられます．

一方，最尤推定において，経験損失は

$$\begin{aligned} T_n &= -\frac{1}{n} \log p(x^n|\hat{\theta}) \\ &= -\frac{1}{n} \sum_{i=1}^{n} \log p(x_i|\hat{\theta}) \end{aligned}$$

[*6] ここでは，X^n の同時確率分布を $q(x^n)$ と記しています．独立同分布なので，同時確率分布は $q(x)$ の積と等しくなります（18ページの定義5参照）.

[*7] ここでは，最尤推定量が一致性（真の分布のパラメータに確率収束すること）と漸近正規性（最尤推定量が正規分布に漸近近似すること）という扱いやすい特性をもつための条件であると，おおまかに理解すれば十分でしょう（30ページの脚注6）．さらなる詳細は，渡辺 (2012) の第3章を参照してください.

と算出できます．これは，そのデータで得られる最大の尤度である**最大対数尤度** (maximum log likelihood) の $-1/n$ 倍です．経験損失は，データが与えられたら計算できますので，これによって汎化損失の推定を考えます．

ただし，予測分布導出に使ったデータと同じデータを再び使う経験損失は，汎化損失からなんらかの**偏り** (bias) が生じていると考えられます．つまり，データ x^n のもとでの偏りを $b(x^n)$ とすると，

$$b(x^n) = G_n - T_n$$
$$= -\mathbb{E}_{q(X)}[\log p(X|\hat{\theta})] + \frac{1}{n}\log p(x^n|\hat{\theta})$$

です．この偏りは，データの出方によってどのように変化するでしょうか．

ここまでは，サンプルの実現値が与えられたときの最尤推定値を考えてきましたが，サンプル $X^n \sim q(x^n)$ の関数であり確率変数である最尤推定量 $\hat{\Theta}$ について考えます．すると，偏りの期待値は，

$$\mathbb{E}_{q(X^n)}[b(X^n)] = \mathbb{E}_{q(X^n)}[G_n - T_n]$$
$$= \mathbb{E}_{q(X^n)}\left[-\mathbb{E}_{q(Z)}[\log p(Z|\hat{\Theta})] + \frac{1}{n}\log p(X^n|\hat{\Theta})\right]$$

と表現できます．ここで Z は予測する新たな確率変数です．

さて，理論的な詳細は省いて結論だけをいえば，最大対数尤度と平均対数尤度を n 倍したものの間の偏りの期待値は，「想定した確率モデルのなかに真の分布が含まれる」という仮定の下で，漸近的に自由パラメータ数 d に一致し (小西・北川 2004: 50–5)，汎化損失と経験損失の偏りの期待値 $\mathbb{E}_{q(X^n)}[b(X^n)]$ は，漸近的に d/n に一致することがわかっています．

ここから，経験損失にバイアス d/n を加えたものとして，**AIC**(Akaike Information Criterion) が導出されます[8]．つまり，

$$\text{AIC} = T_n + \frac{d}{n}$$
$$= -\frac{1}{n}\sum_{i=1}^{n}\log p(x_i|\hat{\theta}) + \frac{d}{n}.$$

AIC については，理論的に，次のことが成り立ちます (渡辺 2012: 72–80)．

$$\mathbb{E}_{q(X^n)}[\text{AIC}] = \mathbb{E}_{q(X^n)}[G_n] + o(1/n).$$

---

[8] さらに $2n$ 倍する定義もあります．

つまり，AIC は漸近的に平均的に汎化損失に一致します[*9]．AIC は汎化損失 G_n の近似を与えますが，G_n と違って計算に真の分布 $q(x)$ を必要としません．AIC の実現値は，データとデータから最尤推定した予測分布だけを使って計算できます．

6.9　WAIC

次に，ベイズモデルにおける汎化損失の推定を考えます．ここでは，以下のことを想定します．

- 真の確率分布：$q(x)$，必ずしも，想定される確率モデルのなかに真の分布が含まれなくてもよい．
- サンプル：$X^n \sim q(x^n) = \prod q(x)$，独立同分布を仮定する．
- 確率モデル（尤度）：$p(x^n|\theta)$．
- パラメータの事前分布：$\varphi(\theta)$．
- 必ずしも，$q(x)$ は確率モデルについて正則でなくてもよい[*10]．

第 3 章でみたように，ベイズ推定をもとにした予測分布は，確率モデルを事後分布によって期待値をとったものとして

$$p^*(x) = \mathbb{E}_{p(\theta|x^n)}[p(x|\theta)]$$
$$= \int p(x|\theta)p(\theta|x^n)d\theta$$

で与えられます．

ベイズ予測分布についての汎化損失 G_n は，

$$G_n = -\mathbb{E}_{q(X)}[\log p^*(X)]$$
$$= -\mathbb{E}_{q(X)}[\log \mathbb{E}_{p(\theta|x^n)}[p(X|\theta)]]$$
$$= -\int q(x) \log \left(\int p(x|\theta)p(\theta|x^n)d\theta \right) dx$$

[*9] ここで，$o(1/n)$ は，5.3.2 項でも登場したスモール・オーで，この文脈では，

$$\lim_{n \to \infty} \frac{o(1/n)}{1/n} = 0$$

を意味します．つまり，$o(1/n)$ は $n \to \infty$ のとき $1/n$ よりも先に 0 に収束します．

[*10] つまり，最尤法が理論的に扱いやすい特性をもつような「きれいな」ケースだけではなく，より複雑かつ一般的な状況にも適用可能になります．

統計をよりよく活かす！統計関連書 ご案内

ウェブ調査の科学 —調査計画から分析まで—

大隅昇・鳰真紀子・井田潤治・小野裕亮訳
A5判 372頁 (12228-2)
定価(本体 8,000円+税)

The Science of Web Surveys 全訳。実験調査と実証分析にもとづいてウェブ調査の考え方、注意点、技法等を詳説。日本語版付録に用語集や文献リスト等を掲載。

空間解析入門 —都市を測る・都市がわかる—

貞広幸雄・山田育穂・石井儀光 編
B5判 184頁 (16356-8)
定価(本体 3,900円+税)

基礎理論と活用例(内容)解析の第一歩(データの可視化、集計単位変換(ほか)/解析から計画へ(人口推計、空間補間・相関(ほか)/ネット

調査法ハンドブック

大隅昇 監訳
A5判 532頁 (12184-1)
定価(本体 12,000円+税)

Survey Methodologyの全訳。社会調査から各種統計調査までの様々な調査の方法論を、豊富な先行研究に言及しながら総調査誤差パラダイムに基づき丁寧に解説。

新版 医学統計学ハンドブック

丹後俊郎・松井茂之 編
A5判 868頁 (12229-9)
定価(本体 20,000円+税)

全体像を俯瞰する実務家必携。[内容]統計学的視点/実験計画法/生存時間解析/臨床試験/疫学研究/因果推論/メタ・アナリシス/

統計解析スタンダード

- 統計学の初級テキストと実践的な統計解析の橋渡しをめざすスタンダードなテキストシリーズ
- 解析対象や解析目的に応じて体系化された様々な方法論を取り上げ、基礎から丁寧に解説
- 具体的事例や計算法など実際のデータ解析への応用を重視した構成

A5判 180〜230頁・刊行中
既刊11点
【シリーズ編著】
国友直人
竹村彰通
岩崎学

『応用をめざす数理統計学』
国友直人 著　232頁・本体3,500円+税　12851-2
「確率空間と確率分布」「数理統計の基礎」「数理統計の展開」の三部構成で解説。演習問題付。

『ノンパラメトリック法』
村上秀俊 著　192頁・本体3,400円+税　12852-9
ウィルコクソンの順位和検定をはじめとする各種の基礎的手法をポイントを押さえ体系的に解説。

『マーケティングの統計モデル』
佐藤忠彦 著　192頁・本体3,200円+税　12853-6
効果的なマーケティングのためのモデリングと活用法を解説。分析例はRスクリプトで実行可能。

『実験計画法と分散分析』
三輪哲久 著　228頁・本体3,600円+税　12854-3

『ベイズ計算統計学』
古澄英男 著　208頁・本体3,400円+税　12856-7
マルコフ連鎖モンテカルロ法の解説を中心にベイズ統計の基礎から応用までを丁寧に解説。

『統計的因果推論』
岩崎学 著　216頁・本体3,600円+税　12857-4
医学、工学をはじめあらゆる科学研究や意思決定の基盤となる因果推論の基礎を解説。

『経済時系列と季節調整法』
高岡慎 著　192頁・本体3,400円+税　12858-1
経済時系列データで問題となる季節変動の調整法を変動の要因・性質等の基礎から解説。

『欠測データの統計解析』
阿部貴行 著　200頁・本体3,400円+税　12859-8

朝倉書店

双方から体系的に解説。

から解説。

『一般化線形モデル』
汪金芳 著　224頁・本体 3,600円＋税　12860-4

標準的理論からべイズ的拡張、多様なデータ解析例までコンパクトに解説する入門的で実践書。

【祝刊】
『生存時間解析』
杉本知之 著

データの特徴や解析の考え方、標準的な手法、事例解析と実行結果の読み方まで、順を追って平易に解説。

『経時データ解析』
船渡川伊久子・船渡川隆 著

192頁・本体 3,400円＋税　12855-0

医学分野、とくに臨床試験や疫学研究への適用を念頭に経時データ解析を解説。

『多重比較法』
坂巻顕太郎・寒水孝司・濱崎俊光 著

168頁　本体 2,900円＋税　12862-8

医学・薬学の臨床試験への適用を念頭に、群や評価項目、時点における多重性の比較分析手法を実行コードを交えて解説。

- - - - - きりとり線 - - - - -

【お申し込み書】この申し込み書にご記入のうえ、最寄りの書店にご注文下さい。

取扱書店

冊

□公費／□私費

●お名前

●ご住所（〒　　　　）TEL

🏣 **朝倉書店**

〒162-8707 東京都新宿区新小川町 6-29 ／ 振替 00160-9-8673
電話 03-3260-7631 ／ FAX 03-3260-0180
http://www.asakura.co.jp ／ eigyo@asakura.co.jp

縦断データの分析 I
―変化についてのマルチレベルモデリング―

菅原ますみ 監訳
A5判 352頁 (12191-9)
定価(本体 6,500 円+税)

Applied Longitudinal Data Analysis: Modeling Change and Event Occurrence. を2分冊で。同一対象を継続的に調査したデータの分析手法を解説。

統計分布ハンドブック 増補版

蓑谷千凰彦 著
A5判 864頁 (12178-0)
定価(本体 23,000 円+税)

様々な確率分布の特性・数学的意味・展開等を豊富なグラフとともに詳説。増補版では新たにゴンペルツ分布・多変量分布・データがムレ分布システムの3章を追加。

縦断データの分析 II
―イベント生起のモデリング―

菅原ますみ 監訳
A5判 352頁 (12192-6)
定価(本体 6,500 円+税)

行動科学一般、特に心理学・社会学・教育学・医学・保健学において活用されている縦断データの分析方法を具体事例をまじえて解説。

環境のための 数学・統計学ハンドブック

F.R.スペルマン・N.E.ホワイティング 著
住明正 監修 原澤英夫 監訳
A5判 840頁 (18051-0)
定価(本体 20,000 円+税)

環境工学の技術者や環境調査の実務者に必要とされる広汎な数理的知識を多数の具体的問題をまじえつつ、大気・土壌・水などの分析領域ごとに体系的に一冊に集約。

*ISBN は 978-4-254 を省略 *価格表示は 2020 年 8 月現在

です. また, ベイズ予測分布についての経験損失 T_n は,

$$T_n = -\frac{1}{n}\sum_{i=1}^{n}\log p^*(x_i)$$
$$= -\frac{1}{n}\sum_{i=1}^{n}\log \mathbb{E}_{p(\theta|x^n)}[p(x_i|\theta)]$$

です.

AIC の場合と同様に, 予測分布導出に使ったデータと同じデータを再び入れる経験損失は, 汎化損失からなんらかの偏り $b(X^n)$ が生じます. この偏りの期待値,

$$\mathbb{E}_{q(X^n)}[b(X^n)] = \mathbb{E}_{q(X^n)}[G_n - T_n]$$

は, 以下で定義される**汎関数分散** (general function variance) を n で割った V_n/n と漸近的に一致することが知られています (詳細は, 渡辺 (2012: 118)).

$$V_n = \sum_{i=1}^{n}\left\{\mathbb{E}_{p(\theta|x^n)}[(\log p(x_i|\theta))^2] - \mathbb{E}_{p(\theta|x^n)}[\log p(x_i|\theta)]^2\right\}.$$

WAIC (Watanabe-Akaike Information Criterion) は, 経験損失と汎関数分散を n で割った値の和として定義されます[11]. つまり,

$$\text{WAIC} = T_n + \frac{V_n}{n}$$
$$= -\frac{1}{n}\sum_{i=1}^{n}\log \mathbb{E}_{p(\theta|x^n)}[p(x_i|\theta)]$$
$$+ \frac{1}{n}\sum_{i=1}^{n}\left\{\mathbb{E}_{p(\theta|x^n)}[(\log p(x_i|\theta))^2] - \mathbb{E}_{p(\theta|x^n)}[\log p(x_i|\theta)]^2\right\}$$

です. WAIC については, 理論的に次のことが成り立つことが知られています (渡辺 2012: 118).

$$\mathbb{E}_{q(X^n)}[\text{WAIC}] = \mathbb{E}_{q(X^n)}[G_n] + o(1/n).$$

このことは, 実現可能性, 正則条件を満たすか満たさないかにかかわらず,

---

[11] さらに $2n$ 倍する定義もあります.

104   6. エントロピーとカルバック–ライブラー情報量

より一般的に成立します[*12]．WAIC も AIC と同様に汎化損失の近似を与え
ますが，実現値の計算に真の分布 $q(x)$ を必要としません．

第 7 章では，具体的なデータをもとに WAIC の実際の応用方法を示し
ます．

6.10   ベイズ自由エネルギー

ベイズモデルの事後分布 $p(\theta|x^n)$ の分母は，パラメータとデータの同時確
率 $p(x^n, \theta) = p(x^n|\theta)\varphi(\theta)$ を θ について周辺化したもので，事前分布と確率
モデルを前提とした場合のサンプル X^n の確率分布とみなして，

$$p(x^n) = \int p(x^n|\theta)\varphi(\theta)d\theta$$

と表せます．これを**周辺尤度** (marginal likelihood) といいました[*13]．

ここで，周辺尤度の対数の符号を逆転させたものを，やはり渡辺 (2012) に
ならって，逆温度 $\beta = 1$ の**ベイズ自由エネルギー** (Bayesian free energy)，
もしくは単に**自由エネルギー**と呼ぶことにします[*14]．ベイズ自由エネル
ギーを F_n で表し，

$$F_n = -\log p(x^n)$$
$$= -\log \int p(x^n|\theta)\varphi(\theta)d\theta$$

と定義します．

周辺尤度 $p(x^n)$ は，サンプル X^n について，私たちがモデルとして設定し
た確率分布です．この分布と真の分布の同時分布 $q(x^n)$ との交差エントロ

[*12] また，以下の関係も成立します (渡辺 2012: 180)．

$$\mathbb{E}_{q(X^n)}[\text{WAIC}] = \mathbb{E}_{q(X^n)}[G_n] + O(1/n^2).$$

ここで $O(1/n^2)$ はビッグ・オーと呼ばれる記法で，$n \to \infty$ のとき，$O(1/n^2)/(1/n^2)$
が有界にとどまる（直感的に言えば発散しない）ことを意味します．このことを
「$O(1/n^2)$ は $1/n^2$ と同じオーダーをもつ」ともいいます．この場合，$\mathbb{E}_{q(X^n)}[\text{WAIC}]$
と $\mathbb{E}_{q(X^n)}[G_n]$ の差は，$n \to \infty$ のとき，$1/n^2$ と同じような速さで 0 に収束します．
[*13] 第 3 章では，Z_n と表していました．
[*14] 逆温度とは，非負の実数の範囲をとるパラメータで，確率モデルの指数として事後分布
を定義します．通常のベイズ統計では $\beta = 1$ を仮定しますが，理論的には一般的な β に
ついてのふるまいを研究します．ちなみに，逆温度や自由エネルギーという用語は，熱
力学に由来します．

ピーは

$$H_{q(X^n)}[p(X^n)] = \mathbb{E}_{q(X^n)}[F_n]$$

$$= -\int q(x^n) \log p(x^n) dx^n$$

$$= -\int q(x^n) \log q(x^n) dx^n + \int q(x^n) \log \frac{q(x^n)}{p(x^n)} dx^n$$

$$= \underbrace{H[q(X^n)]}_{\text{真の分布のエントロピー}} + \underbrace{D[q(X^n)||p(X^n)]}_{\text{真の分布と周辺尤度の KL 情報量}}$$

となり，真の分布と周辺尤度との近さの指標となるでしょう[*15].

しかし，ここでは交差エントロピーそのものではなく，周辺尤度の情報量である自由エネルギーを推定のターゲットとします.

真の分布が確率モデルに対して正則であり，事後分布が正規分布に近似できる場合，積分のラプラス近似の手法を用いて，自由エネルギーを近似的に計算できます．それが，**BIC** (Bayesian Information Criterion) であり，最尤推定から得られる最大対数尤度を用いた単純な式として，

$$\mathrm{BIC} = -\sum_{i=1}^{n} \log p(x_i|\hat{\theta}) + \frac{d}{2} \log n$$

と定義されます．ただし，d はモデルのパラメータ数です．このとき，

$$\mathbb{E}_{q(X^n)}[\mathrm{BIC}] = \mathbb{E}_{q(X^n)}[F_n] + O(1)$$

が成立します (Watanabe 2013)．つまり，サンプルサイズに依存しない 1 のオーダーの差はあるものの，BIC は平均的に自由エネルギーによく近似します.

正則でないモデルにおいても，自由エネルギーの近似値を導出できるのが **WBIC** (Watanabe Bayesian Information Criterion) です (Watanabe 2013)．これは，経験対数損失

$$L_n(\theta) = -\frac{1}{n} \sum_{i=1}^{n} \log p(x_i|\theta)$$

[*15] サンプルの独立性の仮定から $H[q(X^n)] = nH[q(X)]$ が成り立ちます.

の n 倍について，逆温度が $\beta = 1/\log n$ のときの事後分布による期待値として定義されます．つまり，

$$\mathrm{WBIC} = \int nL_n(\theta) \left[\frac{\prod_{i=1}^{n} p(x_i|\theta)^\beta \varphi(\theta)}{\int \prod_{i=1}^{n} p(x_i|\theta)^\beta \varphi(\theta)d\theta} \right] d\theta$$

です．このとき，

$$\mathbb{E}_{q(X^n)}[\mathrm{WBIC}] = \mathbb{E}_{q(X^n)}[F_n] + O\left(\log\log n\right)$$

が成立します (Watanabe 2013)．$\log\log n$ のオーダーの差は残りますが，WBIC は平均的に自由エネルギーに近似します．

そのほか，MCMC サンプルから自由エネルギーを推定する手法としてブリッジ・サンプリング (bridge sampling) があります．

つづく第 7 章では，自由エネルギーと汎化損失の推定値の具体的な計算例を紹介します．

> **まとめ**
>
> - 真の分布から別の分布の近さを測る一般的な指標として KL 情報量がある．
> - KL 情報量のコア部分は交差エントロピーである．
> - 真の分布と予測分布の交差エントロピーを汎化損失と呼ぶ．最尤推定値による予測分布では AIC，ベイズ推定による予測分布では WAIC が平均的によい近似を与える．
> - 周辺尤度の対数の符号反転を自由エネルギーと呼ぶ．真の分布と周辺尤度との交差エントロピーは，自由エネルギーの期待値と等しい．

第 7 章

モデル評価のための指標

　本章では，簡単なモデルを使って，ベイズ推定した場合のモデル評価の指標である自由エネルギーと汎化損失を具体的に計算します.

7.1　確率モデルの情報量

　いま，想定した確率モデルがどれくらい「よい」のかを評価したいとします. 確率モデルは，データ生成メカニズムについて確率分布を使って表現したものですから，真の分布から生成されるデータをうまく説明，あるいは予測できるモデルがよいモデルでしょう.

　例として，5.4 節の人気のないブログへのアクセスを考え，確率モデルとしてポアソン分布を仮定します. ポアソン分布は，単位時間あたりにランダムなできごとが起こる回数を表す確率分布で，確率質量関数は次のとおりです.

$$\mathrm{Poisson}(x|\lambda) = \frac{\lambda^x}{x!}e^{-\lambda} \qquad \lambda は平均パラメータ$$

いま予測分布を $\mathrm{Poisson}(x|\lambda = 3)$，つまり 1 日平均 3 人のアクセスがあると想定しましょう. すると，アクセス数が 2〜3 人なら「想定の範囲内」ですが，15 人も来ると「え，そんなに来たの？」と驚きが大きくなるでしょう.

　一方，予測分布として $\lambda = 10$ の確率モデルを想定すると，アクセス数が 2〜3 人なら「え，そんなに少ないの？」となるでしょう. いま，サンプルの実現値（ブログへのアクセス数）が 3 人の場合に，$\lambda = 3$ と $\lambda = 10$ のそれぞれの確率モデルで情報量がどう変わるかを確認してみましょう.

まず，ポアソン分布に従うサンプルの実現値が x であるときの情報量は

$$I(X = x) = -\log p(x) = -\log \left(\frac{\lambda^x}{x!} e^{-\lambda} \right)$$
$$= -x \log \lambda + \log x! + \lambda$$

で計算できます．$\lambda = 3$ の場合，$x = 3$ の情報量は，

$$-3 \log 3 + \log 3! + 3 \approx 1.49$$

です．一方，$\lambda = 10$ の場合，$x = 3$ の情報量は，

$$-3 \log 10 + \log 3! + 10 \approx 4.88$$

となり，$\lambda = 3$ のときに比べて情報量は 3 倍程度大きくなりました．情報量は，データに対してより想定の近いモデルのほうが小さくなるのです．

ゆえに情報量の小ささで，データに対する確率モデルのあてはまりのよさを定義できます．情報量は $n = 1$ の自由エネルギーとも考えられるので，次節ではより一般的なデータが n 個の場合について考えます．

7.2　自由エネルギーの具体例

第 6 章で，真の分布と確率モデルの近さを表す指標として自由エネルギーを定義しました．サンプルサイズ n の自由エネルギー F_n は

$$F_n = -\log p(x^n) = -\log \int p(x^n|\theta)\varphi(\theta)d\theta$$
$$= -\log \int \prod_{i=1}^{n} p(x_i|\theta)\varphi(\theta)d\theta$$

です．自由エネルギーは，周辺尤度の対数符号反転であり，想定していた確率モデルと事前分布のペアから見て，サンプルの実現値がどれくらい「意外か（驚きが大きいか）」を表す指標です．ゆえに，その値が小さいほど，想定したモデルがデータをうまく説明できることを意味します．

ただし，自由エネルギーは確率変数であり，サンプルのゆらぎによって変動する指標のため，常によいモデルを選ぶわけではありません．あくまで平均的によいモデルを選ぶ指標である点に注意する必要があります．この点は汎化損失の推定量である AIC も WAIC も同様です．

ベイズ統計学ではモデル評価の指標として，**ベイズファクター** (Bayes factor) もよく用いられます．ベイズファクターは，2 つのモデル (M_0, M_1) の周辺尤度の比として，

$$BF_{10} = \frac{p(x^n|M_1)}{p(x^n|M_0)}$$

と定義されます．ただし $p(x^n|M_0)$ はモデル M_0 における周辺尤度です．ベイズファクター BF_{10} の大きさは，M_1 が M_0 に比べてどれほどサンプルの実現値を説明できるかを表しています．

定義式を変形すれば，ベイズファクターは自由エネルギーを使って，

$$BF_{10} = \exp(F_{M_0} - F_{M_1})$$

と表現できます．ここで F_{M_0} はモデル M_0 の自由エネルギーです．ベイズファクターについての評価基準は一律に定まっていませんが，3 以上でモデル 1 がやや優勢，20 以上でかなり優勢，としばしば判断されます (Kass & Raftery 1995)．

一般に，周辺尤度の解析的な計算は困難なため，自由エネルギーの計算も容易ではありません．ただし最近では，第 6 章で紹介した WBIC や，後に紹介するブリッジ・サンプリングという手法で周辺尤度の近似計算が可能になりました．

7.2.1 自由エネルギーの計算

さて，再びブログアクセスの例に戻りましょう．先ほどは 1 日のアクセス数平均は固定値 3 だと仮定しましたが，もう少しゆるやかな範囲で考えてみます．アクセス数は非負の整数なので，平均がガンマ分布に従うと仮定します．ガンマ分布は正の実数を定義域とし，その確率密度関数は，

$$\mathrm{Gamma}(x|a, b) = \frac{b^a}{\Gamma(a)} x^{a-1} e^{-bx}$$

です $(a > 0,\ b > 0)$[*1]．ここで $\Gamma(x)$ はガンマ関数と呼ばれる関数で，$x \in \mathbb{R}$

[*1] ガンマ分布は「$1/b$ 時間あたりに 1 回おきる事象が a 回生じるまでの時間」を表す分布としても解釈できます．

かつ $x > 0$ について，次のように定義されます．

$$\Gamma(x) = \int_0^\infty t^{x-1} e^{-t} dt.$$

ガンマ分布はポアソン分布の共役事前分布なので，これをパラメータ λ の事前分布に用います．つまり想定する確率モデルは，

$$X \sim \mathrm{Poisson}(\lambda)$$
$$\lambda \sim \mathrm{Gamma}(a, b)$$

です．ガンマ分布の期待値 $\mathbb{E}[\lambda]$ と分散 $V[\lambda]$ は，それぞれ

$$\mathbb{E}[\lambda] = \frac{a}{b}, \qquad V[\lambda] = \frac{a}{b^2}$$

なので，$a = 3$, $b = 1$ のとき $\mathbb{E}[\lambda] = 3$, $V[\lambda] = 3$ です．図 7.1 に $a = 3$, $b = 1$ のガンマ分布を示します．このようにガンマ分布を用いてパラメータの事前分布を定めると，「ブログを訪れる平均人数は 1 日あたり 0〜10 人ぐらいだ」というゆるやかな予想を表現できます．

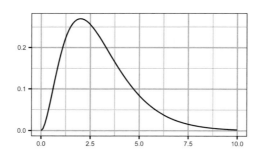

図 7.1 $a = 3$, $b = 1$ のガンマ分布．$\mathbb{E}[\lambda] = 3$, $V[\lambda] = 3$．

続いて，自由エネルギーを計算しましょう．ブログアクセスの例では，確率モデルがポアソン分布，事前分布がガンマ分布なので，周辺尤度は

$$\begin{aligned}
p(x^n) &= \int_0^\infty \mathrm{Poisson}(x^n|\lambda) \mathrm{Gamma}(\lambda|a,b) d\lambda &&\text{周辺尤度の定義より} \\
&= \int_0^\infty \prod_{i=1}^n \left(\frac{1}{x_i!} \lambda^{x_i} e^{-\lambda}\right) \frac{b^a}{\Gamma(a)} \lambda^{a-1} e^{-b\lambda} d\lambda &&\text{密度関数の形に} \\
&= \int_0^\infty \frac{1}{\prod x_i!} \lambda^{\sum x_i} e^{-n\lambda} \frac{b^a}{\Gamma(a)} \lambda^{a-1} e^{-b\lambda} d\lambda &&\text{プロダクトの変形}
\end{aligned}$$

$$
= \frac{b^a}{\Gamma(a) \prod x_i!} \int_0^\infty \lambda^{\sum x_i + a - 1} e^{-\lambda(n+b)} d\lambda
\qquad \text{定数項を積分の外に出す}
$$

$$
= \frac{b^a}{\Gamma(a) \prod x_i!} \frac{\Gamma(\sum x_i + a)}{(n+b)^{\sum x_i + a}}
\qquad \text{ガンマ関数の積分公式}
$$

$$
= \frac{\Gamma(\sum x_i + a)}{\Gamma(a) \prod x_i!} \frac{b^a}{(n+b)^{\sum x_i + a}}
\qquad \text{整理する}
$$

です. 途中, 次の置換積分 (81 ページ参照) を用いました.

$$
\int_0^\infty t^{a-1} e^{-bt} dt = \frac{\Gamma(a)}{b^a}.
$$

このように解析的に周辺尤度を計算できるのは, ガンマ分布がポアソン分布の共役事前分布だからです.

また, 自由エネルギーは周辺尤度を対数化して符号を反転した値なので,

$$
\begin{aligned}
F_n &= -\log p(X^n = x^n) \\
&= -\log \left(\frac{\Gamma(\sum x_i + a)}{\Gamma(a) \prod x_i!} \frac{b^a}{(n+b)^{\sum x_i + a}} \right) \\
&= -\log \Gamma \left(\sum x_i + a \right) + \log \Gamma(a) + \sum \log x_i! \\
&\quad - a \log b + \left(\sum x_i + a \right) \log(n+b)
\end{aligned}
$$

と計算できます. ただし, $\log \Gamma(\ )$ は対数ガンマ関数です.

ブログへのアクセス数が $\lambda = 3$ のポアソン分布 (M_0) に近いのか, あるいは $a = 3$, $b = 1$ のガンマ分布を λ の事前分布とするポアソン分布 (M_1) に近いのかについて統計的な観点から検討したい場合は, どちらの確率モデルの自由エネルギーが小さいかで比較できます.

いま, 5 日間のサンプルの実現値が, $x^n = (3, 4, 2, 7, 8)$ だとしましょう. この場合 $\lambda = 3$ のポアソン分布の自由エネルギーは,

$$
\begin{aligned}
F_{M_0} &= -\sum x_i \log(\lambda) + \sum \log x_i! + n\lambda \\
&= -24 \cdot \log 3 + \log 3! + \log 4! + \log 2! + \log 7! + \log 8! + 5 \cdot 3 \\
&\approx 13.43
\end{aligned}
$$

です. 一方, $a = 3$, $b = 1$ のガンマ分布を λ の事前分布とするポアソン分布の自由エネルギーは

$$
F_{M_1} = -\log \Gamma \left(\sum x_i + a \right) + \log \Gamma(a) + \sum \log x_i!
$$

$$- a \log b + \left(\sum x_i + a \right) \log(n + b)$$

$$= - \log \Gamma \left(\sum x_i + 3 \right) + \log \Gamma(3) + \sum \log x_i!$$

$$- 3 \log 1 + \left(\sum x_i + 3 \right) \log(5 + 1)$$

$$= - \log \Gamma(27) + \log \Gamma(3) + \log 3! + \log 4! + \log 2! + \log 7! + \log 8!$$

$$- 3 \log 1 + 27 \cdot \log 6$$

$$\approx 12.60$$

です．よって，λ に事前分布を仮定したモデルのほうが，このサンプルの実現値をよりよく説明できているといえます．しかし，ベイズファクターを計算すると

$$BF_{10} = \exp \left(F_{M_0} - F_{M_1} \right) = \exp \left(13.43 - 12.60 \right) \approx 2.29$$

となり，その差はあまり決定的なものではないといえるでしょう．

7.2.2　モデル評価とオーバーフィッティング

　モデル評価において注意すべきは，オーバーフィッティングと呼ばれる現象です．最尤法は，対数尤度を最大化するパラメータを推定する方法でした．また最大化した対数尤度自体をモデルのあてはまりを表す指標として使います．しかし，対数尤度にはパラメータの数を増やしてモデルを複雑にするほど大きくなる（情報量が小さくなる）傾向があります．

　しかし，周辺尤度や自由エネルギーによるモデル評価では，このような問題は生じないことがわかっています (岡田 2018)．すなわち，真の分布に比べてむやみに複雑すぎるモデルには，自由エネルギーが大きくなるという罰則が働きます．このことを具体例で確認しましょう．

　先ほど用いた $\lambda = 3$ のポアソン分布（M_0）と，λ の事前分布にガンマ分布（$a = 3$, $b = 1$）を仮定したモデル（M_1）を考えます．M_0 は未知のパラメータが 0 個，M_1 は未知のパラメータが 1 個です．よって，M_0 のほうが単純なモデルといえます．

　いま，真の分布が $\lambda^* = 3$ のポアソン分布だと仮定します（つまり M_0 とまったく同じです）．

$$X \sim \text{Poisson}(\lambda^* = 3).$$

そして上記の 2 つのモデルを使って，$n = 30$ のサンプルの実現値の組を

1000 回発生し，M_0 の自由エネルギーを 1000 個，M_1 の自由エネルギーを 1000 個それぞれ計算します．M_0 と M_1 の自由エネルギーの実現値の分布を図 7.2 に要約しました．真の分布と一致している M_0 の自由エネルギーのほうが若干小さくなっています．

このように，真の分布が単純なモデルに近い場合，その自由エネルギーもちゃんと小さくなることがわかります．

続いて，真の分布が $\lambda^* = 6$ の場合，つまり

$$X \sim \text{Poisson}(\lambda^* = 6)$$

とした場合の同様のシミュレーション結果を図 7.3 にまとめました．今度は M_1 の自由エネルギーのほうが小さくなりました．

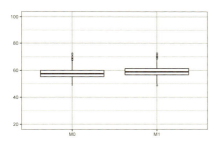
図 7.2 Poisson($\lambda^* = 3$) のときの M_0 と M_1 の自由エネルギーの分布の比較

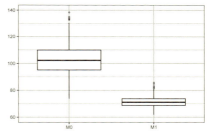
図 7.3 Poisson($\lambda^* = 6$) のときの M_0 と M_1 の自由エネルギーの分布の比較

また，両モデルについて，サイズ 1 のサンプルの実現値 x を 0 から 10 まで与えた場合の自由エネルギーの変化を図 7.4 に示しました．図からわかるように，M_0 が想定している 2 から 5 あたりの実現値を得た場合は M_0 のほうが，それより外側の範囲では M_1 のほうが，自由エネルギーは小さくなります．これは，単純なモデルよりも複雑なモデルのほうがより広い範囲の実現値を満遍なくカバーするため，単純なモデルの想定範囲に集中して実現値が得られた場合は，単純なモデルの自由エネルギーのほうが小さくなる（データの驚きが少ない）のです．逆に，真の分布が単純なモデルと異なる場合は，複雑なモデルのほうがうまく実現値を説明できます．

つまり，モデルの複雑さとは，サンプルの実現値の予想範囲の広さに対応

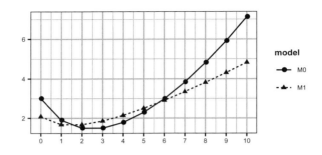

図 7.4 実現値ごとの自由エネルギーの変化

しているといえます．M_0 のようにパラメータに固定値を仮定することは，分散が非常に小さい事前分布を想定することに相当します．自由パラメータが多い，あるいは分散が大きい事前分布（無情報事前分布）を仮定することは，モデルを複雑にして広い範囲の実現値に対応することにほかなりません．その結果，真の分布から考えてありえない値までカバーする複雑なモデルは，真の分布に近い単純なモデルに比べて自由エネルギーによる評価が悪化します．こうした理由から，自由エネルギーによるモデル評価はオーバーフィッティングを避けることができるのです．

このように自由エネルギーによるモデル評価で注意すべき点は，確率モデルだけでなく事前分布による影響も大きい点です．理想としては，可能な事前分布について自由エネルギーを計算して，確率モデルの違いによって値がどのように変化するかを調べるのがいいでしょう．このような方法を感度分析，もしくは感度解析 (林 2018) といいます．

7.3 自由エネルギーの推定値の計算

実際の多くの分析では，共役事前分布を使う場合を除いて，自由エネルギーを解析的に計算できません．そこで，自由エネルギーを近似的に推定する必要があります．第 6 章で定義した WBIC は自由エネルギーを近似計算する方法の 1 つでした．ここではそれに加えて他の方法として，モンテカルロ積分を応用したブリッジ・サンプリングについて簡単に解説します．

以下では真の分布 $q(x)$ が $\lambda^* = 3$ のポアソン分布であると仮定し，そこから生成したデータを用いて WBIC とブリッジ・サンプリングによる自由エ

7.3 自由エネルギーの推定値の計算

ネルギーの推定値を計算します.

まず確率モデルがポアソン分布, 事前分布がガンマ分布の場合の事後分布を計算します. 逆温度 β のときの事後分布は次のとおりです.

$$
\begin{aligned}
p(\lambda|x^n)_\beta &= \frac{p(x^n|\lambda)^\beta \varphi(\lambda)}{\int p(x^n|\lambda)^\beta \varphi(\lambda)d\lambda} \\
&= \frac{\prod \left(\frac{1}{x_i!}\lambda^{x_i}e^{-\lambda}\right)^\beta \frac{b^a}{\Gamma(a)}\lambda^{a-1}e^{-b\lambda}}{\int_0^\infty \frac{b^a}{\Gamma(a)(\prod x_i!)^\beta}\lambda^{\sum x_i\beta+a-1}e^{-\lambda(n\beta+b)}d\lambda}
\end{aligned}
$$

分子を計算すると,

$$
\begin{aligned}
&\prod \left(\frac{1}{x_i!}\lambda^{x_i}e^{-\lambda}\right)^\beta \frac{b^a}{\Gamma(a)}\lambda^{a-1}e^{-b\lambda} \\
&= \frac{1}{(\prod x_i!)^\beta}\lambda^{\sum x_i\beta}e^{-n\lambda\beta}\frac{b^a}{\Gamma(a)}\lambda^{a-1}e^{-b\lambda} \\
&= \frac{b^a}{\Gamma(a)\,(\prod x_i!)^\beta}\lambda^{\sum x_i\beta+a-1}e^{-\lambda(n\beta+b)}
\end{aligned}
$$

続いて, 分母を計算すると,

$$
\begin{aligned}
&\int_0^\infty \frac{b^a}{\Gamma(a)\,(\prod x_i!)^\beta}\lambda^{\sum x_i\beta+a-1}e^{-\lambda(n\beta+b)}d\lambda \\
&= \frac{b^a}{\Gamma(a)\,(\prod x_i!)^\beta}\int_0^\infty \lambda^{\sum x_i\beta+a-1}e^{-\lambda(n\beta+b)}d\lambda \\
&= \frac{b^a}{\Gamma(a)\,(\prod x_i!)^\beta}\frac{\Gamma\left(\sum x_i\beta+a\right)}{(n\beta+b)^{\sum x_i\beta+a}}
\end{aligned}
$$

です. 分子と分母で左側の分数 $b^a/(\Gamma(a)\,(\prod x_i!)^\beta)$ は共通しているため, これが打ち消しあい,

$$
\begin{aligned}
p(\lambda|x^n)_\beta &= \frac{(n\beta+b)^{\sum x_i\beta+a}}{\Gamma\left(\sum x_i\beta+a\right)}\lambda^{\sum x_i\beta+a-1}e^{-\lambda(n\beta+b)} \\
&= \frac{b_n^{a_n}}{\Gamma(a_n)}\lambda^{a_n-1}e^{-b_n\lambda}
\end{aligned}
$$

となります. これは, $a_n = \sum x_i\beta+a$, $b_n = n\beta+b$ であるガンマ分布の確率密度関数と一致します.

逆温度が 1 のときの事後分布が, いわゆるベイズ推定の事後分布です (図 7.5). 図 7.1 の事前分布と比較すると, 事後分布の分散が小さくなっていることに注意しましょう.

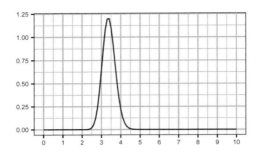

図 7.5 逆温度が 1 のときの λ の事後分布

7.3.1 WBIC の計算

WBIC は経験対数損失の n 倍を,逆温度 $\beta = 1/\log n$ のときの事後分布で期待値をとった値でした.経験対数損失 $L_n(\theta)$ は,確率モデルの対数をデータによって平均した値なので,本章で考えているモデルの場合,

$$
\begin{aligned}
L_n(\lambda) &= \frac{1}{n}\sum_{i=1}^{n} -\log \text{Poisson}(x_i|\lambda) \\
&= \frac{1}{n}\sum_{i=1}^{n} -\log\left(\frac{\lambda^{x_i}}{x_i!}e^{-\lambda}\right) \\
&= \frac{1}{n}\sum_{i=1}^{n}\left(-x_i\log\lambda + \log(x_i!) + \lambda\right) \\
&= -\frac{\sum x_i}{n}\log\lambda + \frac{1}{n}\sum_{i=1}^{n}\log x_i! + \lambda
\end{aligned}
$$

と計算できます.これらの関数を使って WBIC の計算を行うと,

$$
\begin{aligned}
\text{WBIC} &= \mathbb{E}_{p(\lambda|x^n)_\beta}[nL_n(\lambda)] \\
&= \int_0^\infty n\left(-\frac{\sum x_i}{n}\log\lambda + \frac{1}{n}\sum_{i=1}^{n}\log x_i + \lambda\right)\frac{b_n^{a_n}}{\Gamma(a_n)}\lambda^{a_n-1}e^{-b_n\lambda}d\lambda \\
&= \int_0^\infty \left(-\sum x_i\log\lambda + \sum_{i=1}^{n}\log x_i! + n\lambda\right)\frac{b_n^{a_n}}{\Gamma(a_n)}\lambda^{a_n-1}e^{-b_n\lambda}d\lambda.
\end{aligned}
$$

しかしこの積分は容易ではないので,ここでは数値積分で計算します.

また,WBIC を MCMC の結果から近似的に計算することもできます.WBIC を計算するためには,逆温度が $1/\log n$ のときの事後分布の MCMC

サンプルをデータ点ごとに尤度関数に代入した対数尤度を用います．いま，逆温度が $1/\log n$ の事後分布の MCMC サンプルの数が S 個あり，s 番目のパラメータ θ の事後分布の MCMC サンプルを θ_s とします．すると WBIC は

$$\mathrm{WBIC}_{\mathrm{mcmc}} = \frac{1}{S} \sum_{s=1}^{S} \left(\sum_{i=1}^{n} -\log p(x_i|\theta_s) \right)$$

で計算することができます．（　）内が経験対数損失 $nL_n(\theta)$ の推定値を意味し，それを事後分布で平均した結果が MCMC による WBIC の推定値です．

7.3.2　ブリッジ・サンプリング

周辺尤度は，確率モデル（尤度）を事前分布で平均した値です．しかし，パラメータが多次元になると，この積分を解析的に計算することは困難です．そこで，モンテカルロ積分，つまり乱数を使ったシミュレーションによる積分計算の方法が用いられます．ここでは，岡田 (2018) の解説をもとに，**ブリッジ・サンプリング** (bridge sampling) の方法を説明します．

モンテカルロ積分では，まず事前分布から大量（R 個）の乱数パラメータを生成し，続いてその乱数をそれぞれ尤度関数にあてはめ平均をとることで，周辺尤度を計算します．この方法をナイーブ・モンテカルロ法といい，

$$\hat{\theta}_i \sim \varphi(\theta), \qquad \hat{p}_{\mathrm{NM}}(x^n) = \frac{1}{R} \sum_{i=1}^{R} p(x^n|\hat{\theta}_i)$$

と表せます．しかし，この方法では，事前分布と事後分布に乖離がある場合，シミュレーションの効率が悪く，いつまでたっても正確な周辺尤度を計算できないことが知られています．

この効率の悪さを是正するために，まず提案分布から乱数を生成し，その乱数をあてはめた尤度を事前分布と提案分布の比で調整してから平均する方法が重点サンプリング法です (Neal 2001)．すなわち重点サンプリングは，

$$\hat{\theta}_i \sim g(\theta), \qquad \hat{p}_{\mathrm{IS}}(x^n) = \frac{1}{R} \sum_{i=1}^{R} \left(p(x^n|\hat{\theta}_i) \frac{\varphi(\hat{\theta}_i)}{g(\hat{\theta}_i)} \right)$$

と表せます．重点サンプリング法はナイーブ・モンテカルロ法に比べて格段に効率よく計算ができますが，提案分布 $g(\theta)$ に何を選ぶかによってその精度

が変わるので，汎用的な計算アルゴリズムとしては不十分です (岡田 2018). その他にも事後分布からサンプリングして，適切な分布で重みづけて平均する，一般化調和平均サンプリング法が提案されています．その手順は，

$$\hat{\theta}_j^* \sim p(\theta|x^n), \qquad \hat{p}_{\mathrm{GHM}}(x^n) = \left(\frac{1}{R} \sum_{j=1}^{R} \left(\frac{1}{p(x^n|\theta_j^*)} \frac{g(\theta_j^*)}{\varphi(\theta_j^*)} \right) \right)^{-1}$$

です．しかし，この方法も調整のために分析者が重点分布を設定する必要があるので，重点サンプリング法と同様の困難を抱えています．

そこで，重点サンプリングと一般化調和平均サンプリングの両方のアルゴリズムを利用することで，提案分布への仮定を必要としない方法が新たに提案されました．これをブリッジ・サンプリング法といいます (Meng & Wong 1996). ブリッジ・サンプリング法は，重点サンプリングと一般化調和平均サンプリングの両方をつないだアルゴリズムで，周辺尤度の値が収束するまで繰り返しサンプリングする方法です．ブリッジ・サンプリング用に R パッケージ bridgesampling が開発されており，MCMC の推定結果から周辺尤度の計算が簡単にできます．

ブリッジ・サンプリングは，Stan コードを書くときにいくつか注意が必要です．1 つは対数確率の計算のときに，X ~ normal(mu,simga) という ~ を用いたサンプリング記法ではなく，

```
target += normal_lpdf(X|mu,sigma);
```

という，target 記法で対数確率を正確に計算する必要があります．これは，サンプリング記法では確率密度関数の正規化定数の計算を省略しているためです．また，コーシー分布などを標準偏差の事前分布に使う場合は，0 以上の範囲のコーシー分布（半コーシー分布）の密度しか使わないため，

```
target += cauchy_lpdf(sigma | 0, 5 ) - cauchy_lccdf(0 | 0, 5 );
```

と，0 以上の密度の和で割る（密度の和の対数を引く）必要があります．この 2 点に加え，MCMC サンプルが warmup 期間を除いて 5 万程度あると正確な推定値を計算できます（詳細は Gronau et al. (2018) を参照）．

7.3.3 MCMC による推定

Stan を使って，WBIC やブリッジ・サンプリングの計算を行います．今回使う Stan コードは以下のとおりです．これを Stan ファイルとして，FE_poisson.stan に保存します．

```
data{
    int N;
    int X[N];
    real a;
    real b;
}

parameters{
    real<lower=0> lambda;
}

model{
    target += poisson_lpmf(X | lambda);
    target += gamma_lpdf(lambda | a,b);
}
```

また，逆温度 $\beta = (\log n)^{-1}$ の事後分布を計算するための Stan コードは，poisson_lpmf に $(\log n)^{-1}$ をかけた値を target に足し上げるように変更します．つまり，

```
target += (1/log(N))*poisson_lpmf(X | lambda);
```

と書きます．それ以外はすべて同じです．FE_poisson_WBIC.stan に保存します．WBIC を MCMC から計算するコードは，

```
library(rstan)
model.wbic <- stan_model("FE_poisson_WBIC.stan")
fit.wbic <- sampling(model.wbic,data=list(N=n,X=x,a=a,b=b))
WBIC.mcmc <- function(log_lik){
    -mean(rowSums(log_lik))
}
WBIC.mcmc(rstan::extract(fit.wbic)$log_lik)
```

です．ブリッジ・サンプリングによる自由エネルギーの計算は，bridgesampling パッケージの bridge_sampler() 関数を使って，

```
1  library(bridgesampling)
2  model.fe <- stan_model("FE_poisson.stan")
3  fit.bs <- sampling(model.fe, data=list(N=n,X=x,a=a,b=b), iter =
       11000, warmup = 1000, chains = 4)
4  bs <- bridge_sampler(fit.bs, method="warp3")
5  -logml(bs)
```

と書きます．ブリッジ・サンプリングを使う場合は，サンプルサイズを多めに設定しておく必要がある点に注意が必要です[*2]．

7.3.4 自由エネルギーのシミュレーション

いま，真の分布 $q(x)$ として $\lambda^* = 3$ のポアソン分布を仮定します．そこからサンプルサイズ 30 のデータを 100 回生成し，自由エネルギーと WBIC の平均値を計算しました．

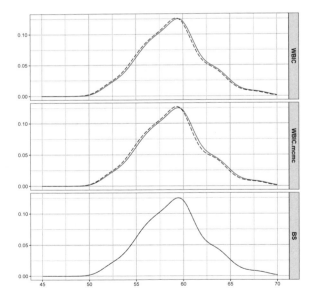

図 7.6 シミュレーション結果（実線が自由エネルギー，破線は各推定法による自由エネルギーの推定）

[*2] bridgesampling パッケージでは，特異モデルに対応した warp-U という方法が実装されていません（2019 年 10 月現在）．よって，混合分布モデルなどの特異モデルの周辺尤度の計算は厳密にはできない点に注意が必要です．

7.4 汎化損失の推定　　　*121*

　図 7.6 のように，WBIC は一定のバイアスがある一方，ブリッジ・サンプリングは真の自由エネルギーにほぼ一致しています．今回はサンプルサイズが小さいシンプルなモデルのみを計算しましたが，WBIC に比べてブリッジ・サンプリングのほうが，やや推定精度が高いことがわかりました．ただし，このシミュレーションは小さいサンプルサイズで，かつ，ごく一部のモデルのみを対象としたものであるため，WBIC とブリッジ・サンプリングのどちらがよい指標であるかは，これだけではわからないことに注意しましょう．

7.4　汎化損失の推定

　続いて，汎化損失の推定を行ってみましょう．汎化損失は第 6 章で定義したように，予測分布の情報量を真の分布で期待値をとった交差エントロピーでした．すなわち，次に新たに得るサンプルについて，予測分布によって計算される平均的な情報量を表しているといえます．

7.4.1　汎化損失の計算

　それでは，ブログアクセスの例を使って，真の分布が既知であると仮定した上で汎化損失を計算してみましょう．これまでと同様に，真の分布 $q(x)$ に $\lambda^* = 3$ のポアソン分布，確率モデルにポアソン分布，λ の事前分布に $a = 3,\ b = 1$ のガンマ分布を仮定します．

　事後分布はすでに計算しているように，

$$p(\lambda|x^n) = \frac{b_n^{a_n}}{\Gamma(a_n)}\lambda^{a_n-1}e^{-b_n\lambda}$$

です．ただし，逆温度が $\beta = 1$ なので $a_n = \sum x_i + a,\ b_n = n + b$ です．

　この事後分布で確率モデル（ポアソン分布）を平均すると，予測分布 $p^*(x)$ を得ます．$p^*(x)$ は新しいサンプルの実現値の確率を与えます．

$$p^*(x) = \int_0^\infty \underbrace{p(x|\lambda)}_{\text{確率モデル}} \underbrace{p(\lambda|x^n)}_{\text{事後分布}} d\lambda$$

$$= \int_0^\infty \frac{1}{x!}\lambda^x e^{-\lambda} \frac{b_n^{a_n}}{\Gamma(a_n)}\lambda^{a_n-1}e^{-b_n\lambda}d\lambda$$

$$= \frac{\Gamma(x+a_n)}{\Gamma(a_n)x!}\frac{b_n^{a_n}}{(1+b_n)^{x+a_n}}.$$

関数の形は周辺尤度と同じで,データが加わることでパラメータ部分が a_n, b_n に変わっています.さらにこの式は,

$$p^*(x) = \frac{\Gamma(x+a_n)}{\Gamma(a_n)x!}\left(\frac{1}{1+b_n}\right)^x\left(\frac{b_n}{1+b_n}\right)^{a_n}$$
$$= \frac{\Gamma(x+r)}{\Gamma(r)x!}\theta^x(1-\theta)^r$$

と変形できます.ここで,$r = a_n$,$\theta = (1+b_n)^{-1}$ とおきました.これは,予測分布がパラメータ r, θ の負の 2 項分布に等しいことを示しています[*3].負の 2 項分布はポアソン分布よりも少し分散が大きい確率分布で,その分散の増分は事後分布であるガンマ分布の分散に依存します.図 7.7 に予測分布を示します.

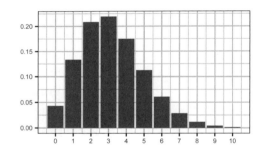

図 7.7 解析的に求めた予測分布

また,予測分布の情報量は,

$$\begin{aligned}-\log p^*(x) &= -\log\left(\frac{\Gamma(x+a_n)}{\Gamma(a_n)x!}\frac{b_n^{a_n}}{(1+b_n)^{x+a_n}}\right)\\ &= -\log\Gamma(x+a_n) + \log\Gamma(a_n) + \log x!\\ &\quad - a_n\log b_n + (x+a_n)\log(1+b_n)\end{aligned}$$

です.

[*3] 負の 2 項分布は,成功確率 θ のベルヌーイ試行において,r 回成功するまでに必要な失敗回数についての確率分布です.r が整数であれば,ガンマ関数の入った分数は 2 項係数に書きかえることができます.

続いて，汎化損失 G_n を計算します．汎化損失の計算には真の分布が必要なので，真の分布として仮定した $\lambda^* = 3$ のポアソン分布を使います．

$$
\begin{aligned}
G_n &= \int -\log p^*(x) q(x) dx \qquad\qquad \text{定義より} \\
&= \sum_{i=0}^{\infty} -\log p^*(x_i) \text{Poisson}(x_i|\lambda^*) \qquad \text{ポアソン分布を代入} \\
&= \sum_{i=0}^{\infty} \frac{1}{x_i!} (\lambda^*)^{x_i} e^{-\lambda^*} [-\log \Gamma(x + a_n) + \log \Gamma(a_n) + \log x! \\
&\quad - a_n \log b_n + (x + a_n) \log(1 + b_n)]
\end{aligned}
$$

ポアソン分布は離散分布なので，積分を総和に置きかえています．ポアソン分布の確率質量関数の定義域は $\{0, 1, 2, \ldots\}$ ですが，$\lambda^* = 3$ 程度であれば，20 ぐらいまでの実現値の情報量の平均で汎化損失を正確に近似できます．

7.4.2 WAIC の計算

続いて，WAIC を計算するには，経験損失 T_n と汎関数分散 V_n が必要です．T_n はすでに計算した予測分布の情報量を使えば計算できます．

$$
\begin{aligned}
T_n &= \frac{1}{n} \sum_{i=1}^{n} -\log p^*(x_i) \\
&= \frac{1}{n} \sum_{i=1}^{n} [-\log \Gamma(x_i + a_n) + \log \Gamma(a_n) + \log x_i! \\
&\quad - a_n \log(b_n) + (x_i + a_n) \log(1 + b_n)].
\end{aligned}
$$

一方で，

$$
\begin{aligned}
V_n = \sum_{i=1}^{n} &\left[\int \log \left(\text{Poisson}(x_i|\lambda) \right)^2 p(\lambda|x^n) d\lambda \right. \\
&\left. - \left(\int \log \text{Poisson}(x_i|\lambda) p(\lambda|x^n) d\lambda \right)^2 \right]
\end{aligned}
$$

は今回のような簡単なモデルでも，解析的な計算が困難です．

そこで，MCMC の結果を利用して WAIC を近似的に計算します．ここでは Gelman et al. (2013a) に基づいて，MCMC サンプルから WAIC を計

算する方法を解説します．まず，データ点ごとに MCMC サンプルから計算
した対数尤度を用います．いま，MCMC サンプルの数が S 個あり，s 番目
のパラメータ θ の事後分布の MCMC サンプルを θ_s とします．経験損失 T_n
の MCMC による推定値は，

$$
T_n \approx \frac{1}{n} \sum_{i=1}^{n} \left[-\log \left(\frac{1}{S} \sum_{s=1}^{S} p(x_i|\theta_s) \right) \right]
$$

です．（　）内は尤度関数を事後分布で平均した値，つまり予測分布を近似し
ています．続いて，汎関数分散 V_n の MCMC による推定値は，

$$
V_n \approx \sum_{i=1}^{n} \left[\frac{1}{S-1} \sum_{s=1}^{S} \log p(x_i|\theta_s)^2 - \left(\frac{1}{S-1} \sum_{s=1}^{S} \log p(x_i|\theta_s) \right)^2 \right]
$$

で計算できます．ここで，[　] 内は事後分布で平均した対数尤度の分散を近
似しています．これらを用いて，WAIC を

$$
\begin{aligned}
\mathrm{WAIC_{mcmc}} = {} & \frac{1}{n} \sum_{i=1}^{n} \left[-\log \left(\frac{1}{S} \sum_{s=1}^{S} p(x_i|\theta_s) \right) \right] \\
& + \frac{1}{n} \sum_{i=1}^{n} \left[\frac{1}{S-1} \sum_{s=1}^{S} \log p(x_i|\theta_s)^2 - \left(\frac{1}{S-1} \sum_{s=1}^{S} \log p(x_i|\theta_s) \right)^2 \right]
\end{aligned}
$$

と計算できます．

以上を R で計算するときは，まず Stan 上で，以下の generated quantities
ブロックを model ブロックの下にコピーして，データポイントごとに対数
尤度を計算します（poisson_WAIC.stan として保存）．

```
generated quantities{
    real log_lik[N];
    for(n in 1:N){
        log_lik[n] = poisson_lpmf(X[n] | lambda);
    }
}
```

次に Stan で生成された log_lik を extract 関数でベクトルとして取り出
し，それを引数にした以下の関数で WAIC を計算します．

```
waic_mcmc <- function(log_lik){
    T_n <- mean(-log(colMeans(exp(log_lik))))
```

```
3      V_n_divide_n <- mean(apply(log_lik,2,var))
4      waic <- T_n + V_n_divide_n
5      return(waic)
6    }
7    model.waic <- stan_model("poisson_WAIC.stan")
8    fit.waic <- sampling(model.waic, data=list(N=n,X=x,a=a,b=b))
9    log_lik <- rstan::extract(fit.waic)$log_lik
10   waic_mcmc(log_lik)
```

これらの数式を使って，WAIC, WAIC の MCMC による推定値，そして汎化損失を計算すると，WAIC ≈ 2.044761, $\text{WAIC}_{\text{mcmc}}$ ≈ 2.045324, G_n ≈ 1.953988 となって，WAIC は汎化損失のよい近似になっています．

7.4.3　汎化損失と WAIC のシミュレーション

WAIC も汎化損失も確率変数であるサンプル X^n の関数であるために，X^n の変動の影響を受けます．サンプルサイズが 30 程度の場合は変動も大きく，WAIC により常に最良の予測モデルを選択できるとは限りません．ただしサンプルの現れ方について WAIC と汎化損失の平均は一致するので（6.9 節），以下に WAIC と WAIC の MCMC 推定値，そして汎化損失について 100 回のシミュレーションを実行します．

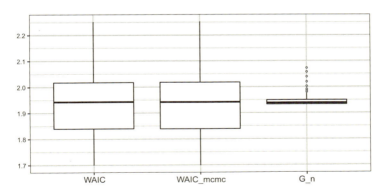

図 7.8　WAIC と汎化損失のシミュレーション結果

図 7.8 が示すように，平均値はかなりの精度で一致しました．

本章では，ベイズ推定したモデルを評価するための指標である自由エネルギーと汎化損失を，簡単なモデルを使って具体的に計算しました．ただ実際

の分析では，自由エネルギーも汎化損失の推定値も，解析的に計算できることはほとんどありません．しかし，本章で示したように，MCMC サンプルを用いることでこれらの値は近似的に計算可能です．

　重要なことは，本章で解説したモデル評価の方法は，あくまで「ある限定的な観点からみた場合の指標」であることです．これらの指標で優れているモデルが，あらゆる観点でよいモデルであることを意味しません．自由エネルギーや汎化損失は，あくまで数値化しやすい情報量という観点からモデルを評価しているにすぎません．

　また，情報量による評価は絶対的なよさを表すのではなく，多くの場合は相対的な指標でしかありません．検討したモデルのなかでブリッジ・サンプリングによる自由エネルギーや，WAIC が最小のモデルが，最良のモデルとは限りません．想定していないモデルのなかに，さらによいモデルが存在する可能性があります．検討しなかった潜在的なモデルの可能性も含めて，事後予測チェックなどを併用してモデルのよさを判断する必要があります．

　さらに，サンプルから計算された自由エネルギーや WAIC は，サンプルの変動の影響を受けるため，この指標を基準にモデルを選択しても，常に真の分布に近いモデル（確率モデル，あるいは予測分布）が選択されるわけではありません．サンプルサイズが小さいほどバイアスは大きくなるので，より注意が必要です．自由エネルギーや WAIC の差が小さい場合は，それだけでモデルの優劣を決定するのは危険であることに留意しましょう．

まとめ

- 自由エネルギーでは複雑なモデルにペナルティが加わる．
- MCMC サンプルによる自由エネルギーの近似計算としてブリッジ・サンプリングがある．
- WAIC は汎化損失の平均的によい推定量である．
- 情報量による評価は絶対的なものではなく，相対的なものである．
- モデルのよさの指標はサンプルの現れ方の変動の影響を受ける．

第 8 章

データ生成過程のモデリング

8.1 データ生成と確率モデル

　本書で紹介・解説するアプローチは，「使いやすい線形モデルをデータに無理矢理あてはめる」方法ではなく，「データが生み出されるプロセスやメカニズムを分析者が考えてモデル化する」方法です.

　統計分析手法を紹介するテキストの多くは，決まった型のモデル[*1]をデータにあてはめる方法を説明しています. たとえば「従属変数 y が連続値で独立変数が複数個あれば重回帰分析」「データが 0 あるいは 1 の離散値ならばロジスティック回帰分析」「従属変数が {1.あてはまる, 2.どちらでもない, 3.あてはまらない} という順序構造をもっている場合には順序ロジスティック回帰」といった具合です. データの種類に応じた分析法が決まっていれば，どの統計モデルを使うか迷わないので安心です.

　しかし，このような統計モデルのあてはめには大きな限界があります. それは，上記の手法で暗黙のうちに想定しているデータ生成のメカニズムが，多くの場合

$$f(y) = \sum_{i=0}^{m} \beta_i x_i + \varepsilon$$

という線形モデルであることです. 私たちは，社会学や経済学や心理学で扱うすべての現象が，線形モデルだけで説明できるとは考えていません. 社会

[*1] この決まった型は，一般化線形モデル（generalized linear model: **GLM**），一般化線形混合モデル（generalized linear mixed model: **GLMM**）と呼ばれています

科学のみならず自然科学においても，すべての現象を生み出すメカニズムが上記の線形モデルのみであるとは，誰も考えないでしょう．にもかかわらず線形モデルがデフォルトの選択肢として使われ続けている理由は，簡単で使いやすいからにほかなりません．

しかし，個別科学が扱う現象は，その分野に固有の理論で説明される必要があります．各分野固有の理論を表現するために，線形モデルという制約は必須ではなく，専門領域の発展のためには，説明対象にあわせてもっと自由に数学的なモデルをつくる必要があると，私たちは考えます．

とはいえ，独自の数理モデルをつくることは簡単なことではありません．本書では単純な例に基づいて，仮定からモデルを導出する方法を紹介します．例を参考にして，自分のモデルを考えれば，きっと『あなただけのオリジナルのモデル』ができあがるでしょう．

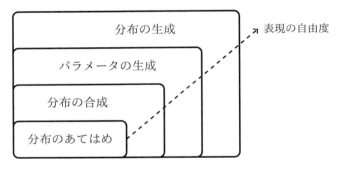

図 8.1 確率モデルのつくり方のタイプ

《確率モデル》といっても，さまざまなタイプが存在します[*2]．図 8.1 は，つくり方のタイプを分類しています．左下の《あてはめ》が最も制約が強く，右上に行くほど理論モデルとしての表現力と自由度が上昇します．ただしモデル作成の難易度は右上に行くほど難しくなります．逆にいえば左下のモデルほど関数型に強い仮定を置くため，モデルの自由度や表現力は制限を受けますが，作成は簡単です．本章ではタイプ別に確率モデルのつくり方を紹介します．

[*2] 機械学習分野では観測データの生成過程を確率分布で表現する操作を**確率的生成モデリング**（probabilistic generative modeling）と呼びます (須山 2017; 持橋・大羽 2019)．本章以降で紹介するモデルは，一般的にいえばすべて確率的生成モデルの一種です．

8.2 分布をあてはめるモデル

はじめに，分布をあてはめる単純なモデリングの例を見てみましょう．

8.2.1 藤井七段の対戦成績

2016 年に 14 歳 2 カ月という最年少でプロ入りし，その後プロデビューからの連勝記録を更新し続けた藤井聡太七段の活躍は，メディアでも大きく報道されました．結局，連勝記録は 29 で止まりますが，藤井七段はその後も対局を重ね，着実に勝ち星を積み上げています．

2018 年 7 月末にプロ入り後 100 局の対戦が終わりました．この 100 局の勝敗データから，藤井七段の強さを推定してみましょう[*3]．図 8.2 は，100 局を通しての勝敗の星取り表です．

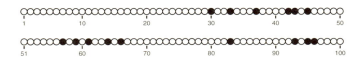

図 8.2 藤井聡太七段の 100 局経過時点での通算勝敗記録

8.2.2 ベルヌーイ・モデル

ここでは，もっとも単純なモデルを考えてみます．一局一局の勝敗を，勝ちを 1，負けを 0 とする確率変数 Y_i で表します．それぞれの Y_i は独立であり，q をパラメータにもつベルヌーイ分布に従うと仮定します[*4]．また，事

[*3] 「将棋棋士成績 DB」（http://kenyu1234.php.xdomain.jp/index.html）を参照しました．

[*4] 独立同分布の仮定は，やや非現実的な仮定かもしれません．実際には，過去の試合の勝敗が現在の試合内容に影響を与えることもありえるでしょう．つまり，勝ちが勝ちを呼ぶ「波に乗る」状態や，負けが込む「スランプ」状態です．この場合，各試合が独立ではないかもしれません．また，真の勝利確率自体も時間にともなって変化することも考えられます．こうした追加的な仮定を取り込んだ，より発展的なモデルを考えることもできますが，ここではもっとも単純な仮定を維持します．

前分布として，q は a と b をパラメータとしてもつベータ分布 Beta(a, b) に従うと仮定します．つまり，モデルの仮定は以下のとおりです．

$$Y_i \sim \text{Bernoulli}(q), \quad i = 1, \ldots, n$$
$$q \sim \text{Beta}(a, b)$$

このとき，3.4.2 項で示したとおり，q の事後分布はベータ分布 Beta$(a + \sum y_i, b + n - \sum y_i)$ になります．

n 局の対局データ $y^n = (y_1, y_2, \ldots, y_n)$ を得た後の，次の対局の予測分布は，3.4.4 項で示したとおり，$\mathbb{E}[q] = (a + \sum y_i)/(a + b + n)$ をパラメータとするベルヌーイ分布になります．

8.2.3 藤井七段のデータ分析

では，勝利確率 q の事後分布と予測分布（勝利確率）を，一局が終わるごとに，実際の藤井七段の勝敗データから推定しましょう．データを得る前は藤井七段の実力は不明なので，q の事前分布は $a = 1$，$b = 1$ とします．このとき，Beta$(1, 1)$ は区間 $[0, 1]$ 上での一様分布に等しくなります．

さて，図 8.3 は，推定結果の推移を表しています．事後分布の平均（つまり，予測勝利確率）の周りにグレーで事後分布の 2.5 パーセンタイルから 97.5 パーセンタイルの区間であるベイズ信頼区間を示しています．また，比較として，最尤推定値 $\hat{q} = \sum y_i/n$ の推移も示しました．

推定の結果を見ていきましょう．29 連勝の間は真の勝利確率を 1 と推定し続ける最尤推定に比べて，事後分布のほうは，最初は不確実性を反映して信頼区間が広く，また勝利予想も保守的に徐々に上がっていきます．その後，分布は徐々に集中していきます．これは，情報がより多く集まることで事後分布の分散が小さくなることに対応しています．その後，勝敗に応じて多少分布は揺れますが，徐々に形が定まっていくように見えます．

さらに，図 8.4 には事後分布の確率密度関数の変化をプロットしています．最初の不確実性の高い分布の形状から，多少の揺れをともないつつ，より安定した「締まった」分布になっていくさまが確認できます．

結局，100 局を終えた段階で藤井七段の勝利数は 85 ですので，事後分布は Beta$(86, 16)$，事後分布の平均，つまり予測勝利確率は $86/102 = 0.843$

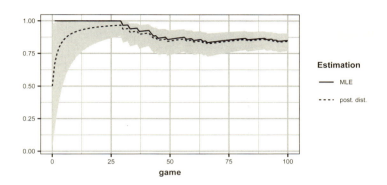

図 8.3 推定結果（MLE: 最尤推定値，post. dist.: 事後分布平均と 95% 信頼区間）

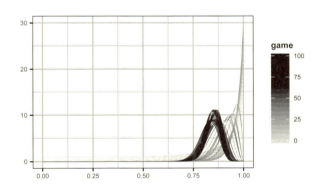

図 8.4 事後分布の確率密度関数の変化

でした．ちなみに，最尤推定値は $\hat{q} = \sum y_i/n = 85/100 = 0.85$ です．

8.2.4 事後分布の平均と最頻値

事後分布の代表値をもって，推定したいパラメータの点推定値とする場合があります．

事後分布の平均（期待値）を用いた点推定値を **EAP 推定値** (expected a posterior estimate) といいます．

132   8. データ生成過程のモデリング

一般に，ベータ分布 $X \sim \text{Beta}(a, b)$ の平均は，

$$\mathbb{E}[X] = \frac{a}{a+b}$$

です．いま考えている確率モデルについて，データ $y^n = (y_1, y_2, \ldots, y_n)$ を得た後の EAP 推定値は，

$$\mathbb{E}[q] = \frac{a + \sum y_i}{a + b + n}$$

です．

また，事後分布の最頻値を用いた点推定値を **MAP 推定値** (maximum a posterior estimate) といいます．ベータ分布 $X \sim \text{Beta}(a, b)$ の最頻値は，$a > 1$, $b > 1$ のとき，

$$\text{Mode}[X] = \frac{a-1}{a+b-2}$$

ですので，データ $y^n = (y_1, y_2, \ldots, y_n)$ を得た後の MAP 推定値は，

$$\text{Mode}[q] = \frac{a + \sum y_i - 1}{a + b + n - 2}$$

です．

今回の分析のように，事前分布を $\text{Beta}(1, 1)$ と事前情報のない分布とした場合，MAP 推定値は最尤推定値と等しくなります[*5]．

藤井七段は，29 連勝で大いに注目されました．連勝が途切れることで注目度はいったんは下がりましたが，その後もコンスタントに勝ち続け，8 割を超える勝率を上げました．データ上でも藤井七段の強さがわかります．

8.2.5 先手後手で強さが変わるか

さて，ここまでは単純に勝ち負けのデータだけから，事後分布や予測勝率を導出しました．現実には，いろいろな要因によって，勝ちやすさが左右されることでしょう．

[*5] 一般に，事前分布をある範囲の一様分布とした場合，MAP 推定値と最尤推定値は等しくなります．なぜなら，事前分布がパラメータについて定数になるために，最尤推定における最大化問題と事後分布の最頻値が等しくなるからです．

8.2 分布をあてはめるモデル 133

たとえば，一般的に将棋は先手が若干有利で，後手が若干不利だといわれています．藤井七段も先手と後手では，潜在的な勝率に違いがあるかもしれません．

そこで，先手後手の要因を入れて，モデルを拡張して分析してみましょう．これは，図 8.1 の図式でいえば，分布のあてはめのモデルから，さらにパラメータの生成も考慮するようにモデルを拡張することに相当します．

具体的には，i 局目における先手・後手を区別する変数 x_i を導入し，先手なら 1，後手なら 0 と数値をわりあてます．このとき，i 局目の勝敗 Y_i は $x_i q_1 + (1 - x_i) q_0$ をパラメータとするベルヌーイ分布に従うと考えます．つまり，

$$Y_i \sim \mathrm{Bernoulli}(x_i q_1 + (1 - x_i) q_0)$$

です．ただし，q_1 は先手の場合，q_0 は後手の場合の勝利確率を表します．

ここでは，q_1, q_0 がそれぞれ事前一様分布に従うと仮定し，100 局のデータからそれぞれの事後分布を MCMC で計算します．Stan コードは以下のとおりです．

```
data {
    int N;
    int Y[N];
    int X[N];
}

parameters {
    real<lower=0,upper=1> q1;
    real<lower=0,upper=1> q0;
}

model {
    for (n in 1:N) {
        Y[n] ~ bernoulli(X[n]*q1+(1-X[n])*q0);
    }
}
```

バーンインを 1000，バーンインを除いたサンプリングを 4000 のチェーンを 4 本回して，それぞれのパラメータの事後分布を推定しました．図 8.5 が事後分布の比較です．

まず，先手の場合の事後分布の平均は 0.89 で 95% 信頼区間は [0.78, 0.96]

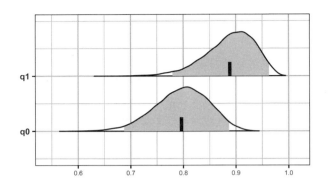

図 8.5 q_1, q_0 の事後分布（灰色部分が 95% 信頼区間）

でした．一方，後手の場合は 0.80 で 95% 信頼区間は $[0.68, 0.89]$ となり，やはり藤井七段にとっても，先手の方が勝ちやすく，また勝ちが予測できる結果となりました．

ここでは，先手後手という一番単純な要因だけを考えましたが，さらにいろいろな要因（たとえば対戦相手の強さとか，お昼に出前で何をとったかとか）を加えることで，さらに厳密な予測が可能になるかもしれません．

8.3 分布を合成してつくるモデル

次に，複数の分布を合成して確率モデルをつくる方法を紹介します．

8.3.1 所得データの分析

所得分布は対数正規分布（中低層）やパレート分布（高層）で近似できることが知られています[*6]．図 8.6 は，2015 年に実施された全国調査「階層と社会意識全国調査（第 1 回 SSP 調査）」データから作成した個人所得の分布です[*7]．

[*6] パレート分布は経済学者 V. パレートが所得分布を表現するために提唱した確率分布です．確率密度関数は $x > x_0$ に対して $\frac{a(x_0)^a}{x^{a+1}}$．ただし $x_0 > 0$, $a > 0$ です．

[*7] SSP データの使用にあたっては SSP プロジェクトの許可を得ました．SSP 調査の詳細についてはプロジェクトのウェブページ（http://ssp.hus.osaka-u.ac.jp）と『第 1 回 SSP 調査報告書』(http://ssp.hus.osaka-u.ac.jp/pdf/SSP-2015.pdf）を参照してください．

8.3 分布を合成してつくるモデル　　135

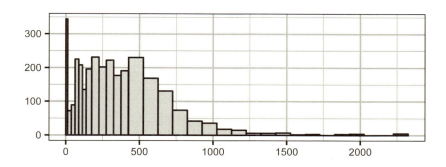

図 8.6 SSP2015 個人年収（2500 万円以下だけを表示）．横軸は金額（万円），縦軸は人数．

図から明らかなように，所得 0 と回答した人はかなり多いことがわかります．回答者 3575 人中，所得ゼロは最頻値で 334 名でした．

そこで所得データの生成プロセスを次の 2 段階に分けて考えましょう．

1. お金を稼ぐ状態になるかどうか，最初に決まる．
2. 段階 1 で《稼ぐ》状態になると，なんらかの正の所得 Y を得る．稼得状態にならない場合は，所得ゼロ円となる．

たとえば，企業に勤めて給与をもらう人は，稼得状態で正の所得をもらうことができますが，失業中で働けない人や家事労働に専念するために市場労働ができない人は非稼得状態のため所得ゼロです．図 8.7 に樹形図を示します．

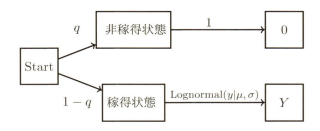

図 8.7 分布の合成プロセスを表した樹形図

ここで Lognormal$(y|\mu, \sigma)$ は対数正規分布の確率密度関数であると仮定します. つまり確率 $1 - q$ で稼得状態に入れば, その後の所得は対数正規分布に従うと仮定します.

このように「稼得状態に入るかどうか（たとえば労働市場に参入するかどうか）」と「稼得者となって $Y > 0$ の所得を稼ぐ」の 2 つのプロセスを別々に表現した場合には, 所得 Y の確率密度関数は

$$
HL(y|q, \mu, \sigma) = \begin{cases} \text{Bernoulli}(1|q), & y = 0 \\ \text{Bernoulli}(0|q) \times \text{Lognormal}(y|\mu, \sigma), & y > 0 \end{cases}
$$

$$
= \begin{cases} q, & y = 0 \\ (1 - q)\dfrac{1}{\sqrt{2\pi\sigma^2}y}\exp\left\{-\dfrac{(\log y - \mu)^2}{2\sigma^2}\right\}, & y > 0 \end{cases}
$$

となるでしょう. $HL(y|q, \mu, \sigma)$ はハードル（hurdle）と対数正規分布（lognormal distribution）の略で, 稼得状態になるためになんらかの障壁を越えなければならない（たとえば職に就く）モデルの仮定を表しています. このようなモデルをハードルモデル（hurdle model）といいます.

以下では, モデルの解釈を容易にするため, ベルヌーイ分布の定義は実現値 1 が「非稼得状態（所得 0 円）」で, 実現値 0 が「稼得状態（正の所得）」とおきます（ベルヌーイ分布の実現値が 0 のとき, 所得が正なので注意してください）.

ところで私たちは, どういう条件の人が所得ゼロになりやすいのか, また稼得状態になった後はどのような条件が高所得を生むのか, ということに興味があります. そこで以下のようなモデルを考えます.

$$
q_i = \text{logistic}(a_1 + a_2\text{FEM}_i + a_3\text{AGE}_i + a_4\text{EDU}_i)
$$
$$
\mu_i = b_1 + b_2\text{FEM}_i + b_3\text{AGE}_i + b_4\text{EDU}_i
$$
$$
Y_i \sim HL(q_i, \mu_i, \sigma), \qquad i = 1, 2, \ldots, n
$$

このモデルの意味を確認しておきましょう. まず稼得状態になるかどうかをベルヌーイ分布で表します. このベルヌーイ分布のパラメータ q（非稼得状態になる確率を表す）が, 性別（FEM）や年齢（AGE）や教育年数（EDU）に影響を受けると仮定します（1 行目の式）. また, 稼得状態になった場合の所得のパラメータ μ も, 性別や年齢や教育年数に影響を受けると仮定します（2 行目の式）. よって所得の分布は, 0 の場合と正の場合とで条件

分岐する確率密度関数 $HL(y|q,\mu,\sigma)$ によって定まります（3行目の式）.

8.3.2 MCMC の結果

　上記のモデルは単純なので，最尤法でパラメータを推定することが可能です．しかしここでは練習のために第4章で導入した MCMC を使って事後分布を計算します．Stan コードは次のようなものです．

```
functions {
real HL_lpdf(real Y, real q, real mu, real sigma) {
    if (Y == 0) {
        return  bernoulli_lpmf(1 | q);
        } else {
        return bernoulli_lpmf(0 | q) + lognormal_lpdf(Y | mu, sigma
            );
        }
    }
}

data {
    int n;
    real<lower=0> Y[n];
    int<lower=0> FEM[n];
    real AGE[n]; real EDU[n];
}

parameters {
    real a[4];
    real b[4];
    real<lower=0> sigma;
}

transformed parameters {
    real mu[n];
    real<lower=0,upper=1> q[n];
    for (i in 1:n){
        q[i] = inv_logit(a[1]+a[2]*FEM[i]+a[3]*AGE[i]+a[4]*EDU[i]);
        mu[i] = b[1]+b[2]*FEM[i]+b[3]*AGE[i]+b[4]*EDU[i];
    }
}

model {
    for (i in 1:n)
    Y[i] ~ HL(q[i], mu[i], sigma);
```

```
                                                                      }
```

　1～9 行目のコードは，ハードルモデルの確率密度関数をユーザー定義関数として定義しています．データ行列に含まれる情報は所得（Y），女性ダミー（FEM），年齢（AGE），学歴（EDU）です．

　推定結果は以下のとおりです（バーンイン 1000，バーンインを除いたサンプリング 1000 のチェーン 4 で推定）．

```
                 mean            2.5%           97.5%   n_eff Rhat
   a[1]      -2.730687      -3.77464        -1.73269    1908 1.001
   a[2]       1.830781       1.51421         2.16094    3116 0.999
   a[3]      -0.015624      -0.02514        -0.00579    3050 1.000
   a[4]       0.000363      -0.05662         0.05851    1846 1.000
   b[1]       4.617322       4.37122         4.85847    2189 1.001
   b[2]      -0.879662      -0.93980        -0.81940    3327 1.000
   b[3]       0.007656       0.00507         0.01018    4000 0.999
   b[4]       0.072096       0.05842         0.08603    2330 1.001
   sigma      0.827043       0.80567         0.84978    3443 1.001
   lp__  -20094.427363  -20099.52225   -20091.23233    1782 1.001
```

　推定の結果から，このモデルが正しいとすれば，非稼得状態になりやすいのは，「女性 (a_2)」「若年 (a_3)」であり，稼得状態になってからは，「男性 (b_2)」「高年齢 (b_3)」「高学歴 (b_4)」であるほど所得が高くなると予想できます．

　2 つの分布を合成したモデリングの利点は，2 種の系統のパラメータ（非稼得状態になる確率 q への影響と，稼得状態での所得への影響）を同時に推定できるところです．このような条件分岐する確率密度関数のパラメータの最尤推定は可能ですが，そのためのアルゴリズムを実装することは簡単ではありません．一方で Stan や JAGS などを利用した MCMC 推定は，アルゴリズム自体はすでに準備されているため，分析者はモデルをつくることに集中すればよいので実用的です．

8.3.3　一般化線形モデル（GLM）との比較

　データの生成プロセスを考えずに，確率分布のパラメータに線形モデルをあてはめる方法（GLM）は，もっと手軽です．比較のために GLM を使ってデータを分析してみましょう．たとえば以下のようなモデルを考えます．

$$\mu_i = b_1 + b_2 \mathrm{FEM}_i + b_3 \mathrm{AGE}_i + b_4 \mathrm{EDU}_i$$

$$Y_i \sim \mathrm{Lognormal}(\mu_i, \sigma)$$
$$i = 1, 2, \ldots, n$$

ただし，データには大量の所得 0 が含まれているので，このままでは分析できません．所得データすべてに 1 を足した値をデータ Y とします．分析コードは次のとおりです．

```
data {
    int n;
    real<lower=0> Y[n];
    int<lower=0> FEM[n];
    real AGE[n]; real EDU[n];
}

parameters {
    real b[4];
    real<lower=0> sigma;
}

transformed parameters {
    real mu[n];
    for (i in 1:n){
        mu[i] = b[1]+b[2]*FEM[i]+b[3]*AGE[i]+b[4]*EDU[i];
    }
}

model {
    for (i in 1:n)
    Y[i] ~ lognormal(mu[i], sigma);
}
```

MCMC による計算の結果は以下のとおりです（チェーンの設定はハードルモデルと同じです）．

	mean	2.5%	97.5%	n_eff	Rhat
b[1]	4.2262	3.7366	4.6949	548	1
b[2]	-1.5475	-1.6637	-1.4284	713	1
b[3]	0.0147	0.0099	0.0193	1088	1
b[4]	0.0641	0.0369	0.0926	607	1
sigma	1.7451	1.7017	1.7906	966	1

　分析の結果，もし GLM が正しいとするならば，教育と年齢は個人収入に対して正の効果をもち，女性であることは収入に対して負の効果をもつことが予想されます．

ハードルモデルと GLM の予測精度を WAIC で比較してみましょう[*8].

$$ハードルモデル : WAIC = 40198.7 \, (SE : 204.8)$$
$$GLM : WAIC = 43840.3 \, (SE : 143.6)$$

8.3.4 どちらのモデルが妥当か

本節では 2 つのモデルをつくり，比較しました．第 6 章と第 7 章で述べてきたように，モデルの比較は簡単ではありません．単純に WAIC が低いからとか，決定係数が大きいからというふうに機械的に選択することはあまり意味がありません．1 回の分析結果からモデルの優劣を決めることはできないので，モデル比較はより総合的な視点から行うべきです．

ハードルモデルを定式化することで，1) 所得 0 を非該当扱いにした結果，検出力が下がる，2) 対数化の際に 0 に微少定数を足す等の操作で，推定量にバイアスが生じる，といった不具合を回避できます．

GLM でもそれなりに，データにフィットしたモデルをつくることは可能ですが，一般的に，行為の意味やプロセスをより適切に表現できるのは，現象にあわせてカスタマイズしたモデルのはずです．自分でモデルをつくる作業は，定型の統計モデルをただあてはめるよりもずっと楽しいので，読者のみなさんにもぜひ挑戦していただきたいと思います．

なお，この種の分布を合成するモデルは，確率変数の生成過程そのものをモデル化するモデルと比較すると，オリジナリティの点では若干見劣りします．ただし分布合成モデルは，確率モデルの樹形図から誰でも簡単につくることができるため，練習用の題材に最適です．

ここで紹介した例はベルヌーイ分布と対数正規分布という既存の分布を組み合わせることで，データの生成プロセスを表現するモデルでした．次に，分布のパラメータを理論的に導出するアプローチを紹介します．

[*8] GLM による分析はデータに 1 を足しているので，ハードルモデルとの厳密な比較はできません．所得の分散は同じなので，参考のために WAIC を比較しています．

8.4 パラメータの生成モデル

8.4.1 携帯電話の普及メカニズム

携帯電話は 1985 年に登場し，その後 1990 年代後半に急速に普及しました．この普及率をデータと考えて，その生成過程をモデル化してみましょう．

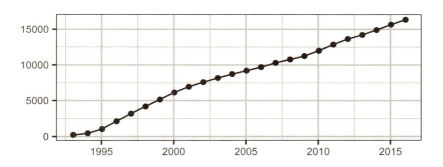

図 8.8 携帯電話加入者数（万人）の推移．1993 年〜2017 年．『情報通信白書』（H16 年版, H23 年版, H30 年版）から作成．

「曲線のあてはめ」とデータ生成プロセスからの関数型の導出は異なる作業です．図 8.8 を見て，この形は関数 f に似ているので，$y = f(t)$ 型で表現できそうだと考えるのが「あてはめ」です．この「あてはめ」には，ただ形が似ているという以外の根拠はありません．

ここでは関数型を明示的な仮定から導出してみましょう．

1. 契約数 y は時間 t の経過とともに継続的に増加する．
2. 契約数には上限がある．これを m とおく．
3. 未契約者はランダムに契約者と接触し，未契約者の一部が新たな契約者となる．

3 つめの仮定の意味を確認してみましょう．携帯電話は新しい技術なので，最初に登場した時点では使用コストも高く，契約者数は多くありません．まず数少ない契約者が，多数派である未契約者と接触します．するとその利便性を観察した未契約者のうち何人かに，自分も新たに携帯電話を契約しよう

かな，という気持ちの変化が生じます．新たに契約者となった人は，また別の未契約者と接触しますから，その接触を機に契約者が増えます．

このようなプロセスを考えると，ある時点での契約者の増え方はその瞬間の契約者数と，契約の未充足率に比例するだろうと予想できます．このことから契約者数 y の瞬間的な増分は

$$\frac{dy}{dt} = ky\left(1 - \frac{y}{m}\right)$$

という微分方程式で表すことができます．ここで k は増加の早さを決めるパラメータで $k > 0$ を仮定します．この微分方程式は**変数分離型**と呼ばれ，定型の解法が存在します．

$$\frac{m}{y(m-y)}\frac{dy}{dt} = k \qquad \text{両辺に } \frac{m}{y(m-y)} \text{ をかける}$$

$$\int \frac{m}{y(m-y)}dy = \int kdt \quad \text{両辺を } t \text{ で積分する}$$

左辺の被積分関数を部分分数に分解してみましょう．

$$\frac{m}{y(m-y)} = \frac{a}{y} + \frac{b}{m-y}$$
$$m = a(m-y) + by$$
$$0 \cdot y + m = (b-a)y + am.$$

この恒等式を満たすのは $(b-a) = 0,\ m = am$ なので，これを解いて $a = 1,\ b = 1$ を得ます．よって

$$\int \frac{1}{y} + \frac{1}{m-y}dy = \int k\,dt$$
$$\int \frac{1}{y}dy + \int \frac{1}{m-y}dy = \int k\,dt$$
$$\log y - \log(m-y) = kt + C \text{積分定数を } C \text{ にまとめる}$$
$$\log \frac{y}{m-y} = kt + C$$

ここで $t = 0$ のとき $y = y_0$ という条件から積分定数 C を特定します．$t = 0,\ y = y_0$ を代入すると

$$\log \frac{y_0}{m-y_0} = k \cdot 0 + C = C.$$

よって積分定数は $C = \log \frac{y_0}{m - y_0}$ であることがわかりました．代入すると

$$\log \frac{y}{m - y} = kt + \log \frac{y_0}{m - y_0} \qquad \text{積分定数を代入}$$

$$\log \frac{y}{m - y} = \log e^{kt} + \log \frac{y_0}{m - y_0} = \log \frac{y_0 e^{kt}}{m - y_0}$$

$$\frac{y}{m - y} = \frac{y_0 e^{kt}}{m - y_0} \qquad \text{両辺 exp をとる}$$

$$y = \frac{my_0}{(m - y_0)e^{-kt} + y_0}. \qquad y \text{ について整理}$$

私たちは 3 つの単純な仮定から出発して，使用者数 y を時間 t の関数として表現しました．このような y, t の関係を決定論的な関係と呼びます．時間 t とその他の条件である k, m, y_0 が決まれば，y の値が一意的に定まるからです．ここで，データ y が撹乱項 ε を含む確率変数の実現値と仮定すれば，

$$Y = \frac{my_0}{(m - y_0)e^{-kt} + y_0} + \varepsilon$$

です．ε が確率変数であるため，左辺の Y も確率変数です．そのことを強調するために Y を大文字で表記します．また，ε はさまざまな誤差を一括して表しているので，平均 0，標準偏差 σ の正規分布に従っていると仮定します．確率変数は ε だけであり，その他の項は確率変数ではない関数なので，定数とみなすことができます．つまり定数部分を μ とおけば

$$Y = \mu + \varepsilon, \quad \varepsilon \sim \text{Normal}(0, \sigma)$$

です．ここで正規分布の性質より，$Y \sim \text{Normal}(\mu, \sigma)$ です．μ の部分を明示的に書けば

$$Y \sim \text{Normal}\left(\frac{my_0}{(m - y_0)e^{-kt} + y_0}, \sigma\right)$$

です．このことは使用者数 Y（確率変数）が

$$\text{平均}: \frac{my_0}{(m - y_0)e^{-kt} + y_0}, \quad \text{標準偏差}: \sigma$$

の正規分布に従うことを表しています．平均パラメータは古典的な微分方程式モデルで**ヴェアフルスト曲線**と呼ばれる関数です．

ここでは，私たちが上記の確率モデルを，何の理由もなしに採用したわけではなく，携帯電話という新しい商品の**普及プロセス**を表現するために導入したことに注意してください．

144　　　　　　　　　8. データ生成過程のモデリング

　かりに研究者がパラメータの生成過程に対して特に仮説をもっていなかったら, どのようなモデルを考えればよいでしょうか. 最も単純なモデルとしては, 加入者数の増減に影響しそうな変数 x_i を使い,

$$Y = \sum_{i=0}^{k} \beta_i x_i + \varepsilon, \quad \varepsilon \sim \mathrm{Normal}(0, \sigma)$$

という β_i の線形結合を考えることができます. この場合, 誤差項 ε だけが確率変数で正規分布に従うので, 次の確率モデルが採用されます[9].

$$Y \sim \mathrm{Normal}\left(\sum_{i=0}^{k} \beta_i x_i, \sigma\right)$$

8.4.2　データとの対応

　携帯電話の普及プロセスモデルを推定する Stan コードです.

```
data {
    int n;
    int t[n];
    real Y[n];
    real y0;
}

parameters {
    real <lower=16344,upper=20000>m;
    real <lower=0,upper=5>k;
    real <lower=0> sigma;
}

transformed parameters{
    real mu[n];
    for (i in 1:n){
        mu[i]=(m*y0)/((m-y0)*exp(-k*t[i])+y0);
    }
}

model{
    for (i in 1:n){
        Y[i] ~ normal(mu[i], sigma);
    }
```

---

[9] 時系列データに対して自己回帰モデルを仮定することも可能です.

```
25  }
```

パラメータブロックで m と k の範囲は，データの最大値とパラメータの意味を考えた上で上記のとおり制約しました．

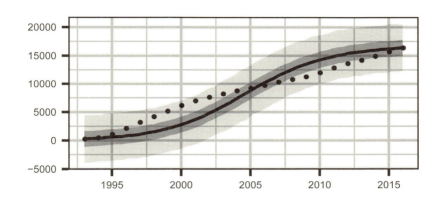

図 8.9 観測データとベイズ予測区間

推定結果として得た平均と標準偏差の事後分布を使って，予測分布を図 8.9 にプロットします．●が観測値で，グレーの帯が 95% 予測区間です[10]．

GLM と普及プロセスモデルのどちらが正しいというわけではありません．どちらも単に仮定にすぎないからです．ただし第 6 章と第 7 章で紹介したとおり，理論的に定式化された統計量を使ってモデルを比較することはできます．このデータの場合，WAIC の観点からは，GLM のほうが予測精度が高いことがわかりました．

$$普及プロセスモデル: \text{WAIC} = 434.8\,(\text{SE}:4.4)$$
$$\text{GLM}: \text{WAIC} = 370.3\,(\text{SE}:7.3)$$

普及プロセスモデルの予測精度が期待したほど高くないからといって，このモデルを諦めるのは尚早です．モデルをつくった場合，仮定のどこがよくないのかを検討できるからです．たとえば契約数の上限を m と仮定しました

---

[10] 図の作成に際し，『Stan と R でベイズ統計モデリング』(松浦 2016: 109–111) を参照しました．

が，1人が複数の回線を契約することが多くなった現在では，上限の設定が現実と合っていないかもしれません．また増加パラメータ k が時間にかかわらず一定と仮定しましたが，料金改定や，新キャリアの参入時期などに k が変化する可能性もあります．

このようにモデルを出発点にして考えれば，たとえデータの分析結果が予想どおりでなくても，研究を進めるためのヒントが得られます．

以上，本章では「データが生み出されるプロセスやメカニズムを研究者が考えてモデル化する」方法について，具体例を使って紹介しました．「分布のあてはめ→分布の合成→パラメータの生成」という順番で，徐々にモデル作成の自由度は上がります．続く第9章から第12章では，さらに実践的な応用例を紹介します．本章では紹介できなかった，分布を生成するタイプのモデルも第10章に登場します．これは8.3節の所得分布に関するモデルの発展形とみなすことができます．

第9章

遅延価値割引モデル

以下のように，2つの選択肢があるとします．あなたはどちらの選択肢を選ぶでしょうか.

A. いますぐ1万円もらえる.

B. 1年後に1万円もらえる.

多くの人は，A，つまりいまもらえる1万円を選択することが知られています．このような現象を心理学では**遅延価値割引** (delay discounting)，経済学では時間選好・時間割引とよびます．遅延価値割引とは，時間経過にともなって，財やサービスの主観的価値が低下する（割り引かれる）現象のことです.

遅延価値割引は，もともとは経済学で研究されてきた現象でしたが，その後心理学でも注目されるようになり，現在では強化学習のモデルなどにも応用され，機械学習の分野でも活用されています．本章では，この遅延価値割引を例に，心理学や行動経済学におけるベイズ統計モデリングを紹介します.

9.1 遅延価値割引のモデル

人々が遅延によってどのように価値を割り引くのかについては，経済学では古くから指数価値割引というモデルが提案されています (Samuelson 1937)．指数価値割引とは，現在の効用が $U(A)$ であるような財 A に対し

て，t 時間後の効用を，

$$U(A, t) = U(A)e^{-kt}$$

と表す割引のモデルのことです．ただし，k は割引率パラメータで，$k > 0$ を仮定しています．e^{-kt} は**割引因子** (discount factor) とよばれ，現在価値に対する将来価値の割引の程度を表しています．割引因子は割引率 k が正の値である場合には 0 から 1 の範囲をとるため，t 時間後の財 A の効用は，現在の効用 $U(A)$ よりも小さくなります．

　指数割引モデルの特徴は，時間幅が同じならば，どの時点から考えても割引因子の比が一定であることです．たとえば，時点 t と時点 $t + 3$ の割引因子の比は，t が 5 年でも 10 年でも変わりません．一般的には，時点 t と $t + a$ の割引因子の比は

$$\frac{e^{-k(t+a)}}{e^{-kt}} = e^{-k(t+a)+kt} = e^{-ka}$$

となり，時間の幅 a にのみ依存します．このような特徴は，異時点間の価値の変換可能性を前提とした経済学の公理と合致するため，「規範モデル」としてよく利用されてきました．

　上述のように，経済学では規範モデルとして指数割引モデルがよく使われてきましたが，心理学では，次に紹介する双曲割引モデルがよく用いられます[*1]．ハトやヒトを対象とした行動実験の結果から，指数割引モデルではうまく説明できないことが明らかになってきたからです．現実には，時間がたつにつれて時点間の割引因子の比は小さくなるのです．

　双曲割引モデルは，理論的に導出されたというよりは，実験結果をうまく説明するために用意された側面が強いモデルです．指数割引は割引因子の比が一定なのに対し，実際のデータは時間がたつにつれて比が小さくなっていくことが多く，その傾向を説明するために次のような割引を仮定します．

$$U(A, t) = U(A)\frac{1}{1 + kt}.$$

　図 9.1 は財が 5 万円で割引率 k が 0.1 の場合の指数割引と双曲割引の効用についてのグラフです．ここでは簡単のため，現在の効用 $U(A) = A$，

[*1] $y = 1/x$ の形の関数を一般的に直角双曲線と呼びます．ここから割引因子が $1/(1 + kt)$ の形を**双曲割引** (hyperbolic discounting) と呼びます．

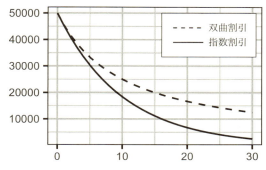

図 9.1 指数割引と双曲割引 ($k = 0.1$)

つまり5万とおきます．時間 t の単位は1カ月を想定しています．1年後 ($t = 12$) にはすでに主観的価値は2万円近くまで下がってしまうことがわかります．双曲割引モデルの特徴は，指数割引に比べて割引因子の比が時間の経過につれてゆるやかになる点にあります．

9.2 遅延価値割引の理論的整理

古典的な経済学では指数割引が，心理学や行動経済学では双曲割引が遅延価値割引のモデルとしてよく用いられます．これがどういうメカニズムによって導出されたのかは，上記の説明だけでは明らかではありません．そこで，Sozou (1998) のモデルに基づいてメカニズムを考えてみましょう．

将来得られる財の効用を割り引く理由として，遅延の間に財の獲得を妨げる事象が生起するリスクを人々が考慮している可能性があげられます．きょうだいがたくさんいる家庭での晩御飯で，大好きなエビフライを最後まで残していたら，他のきょうだいに食べられてしまうかもしれません．このように現実の場面では，将来得るはずの財には，一定の確率で獲得に失敗するリスクがともなっています．もし人々がそのような環境に適応するならば，「遅延した財の効用を低く見積もる」という傾向を学習，あるいは進化的に獲得する可能性は十分に考えられます．

遅延価値割引の割引因子が，t 時間後にその財がまだ存在している確率によって計算され，その期待値が効用の割引になると Sozou(1998) は考えました．まず，財の消失するまでの時間を確率変数 T で表します．T の実現

値は 0 以上の実数とします．現時点から t 時間後までに財が消失する確率は
$$P(T \leq t) = F(t)$$
です．$F(t)$ は分布関数なので単調増加関数です (図 9.2)．

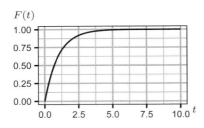

図 9.2 時間 t までに財が消失する確率 $F(t)$

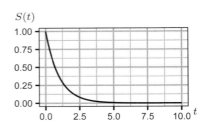

図 9.3 時間 t を超えて財が存在する確率 $S(t)$

逆に，財が t 時間を超えて存在している確率を，
$$P(T > t) = 1 - F(t) = S(t)$$
で表し，$S(t)$ を**生存関数** (survival function) と呼びます．$S(t)$ は単調減少関数です (図 9.3)．Sozou のモデルは，この生存関数が割引因子になる，すなわち
$$U(A, t) = U(A)S(t)$$
と想定します．次に，時間 t における財のなくなりやすさを考えます．ある区間 $[t, t+\Delta]$ のあいだで財が消失する確率は，$P(t < T \leq t+\Delta)$ ではなく，

1. 時間 t までに財が消失していない，という条件のもとで
2. T の実現値が区間 $[t, t+\Delta]$ で生じる

という条件付き確率 $P(t < T \leq t + \Delta | T > t)$ で定義する必要があります．そして，消失確率を区間幅 Δ で割った値
$$\frac{1}{\Delta}P(t < T < t+\Delta | T > t)$$
を考えます．そして，区間幅 Δ が 0 に近づく極限を**ハザード率** (hazard rate) と呼び，
$$h(t) = \lim_{\Delta \to 0} \frac{1}{\Delta} P(t < T < t+\Delta | T > t)$$

と定義します. 直感的には, ハザード率は時間 t まで存在した財の t 時点の消失のしやすさを表しています. ハザード率 h と生存関数 S のあいだの関係を調べてみましょう.

$$
\begin{aligned}
h(t) &= \lim_{\Delta \to 0} \frac{1}{\Delta} P(t < T < t + \Delta | T > t) \qquad \text{ハザード率の定義より} \\
&= \lim_{\Delta \to 0} \frac{1}{\Delta} \frac{P(t < T < t + \Delta, T > t)}{P(T > t)} \qquad \text{条件付き確率の定義より} \\
&= \lim_{\Delta \to 0} \frac{1}{\Delta} \frac{P(t < T < t + \Delta)}{S(t)} \qquad \text{$S(t)$ の定義より} \\
&= \lim_{\Delta \to 0} \frac{1}{\Delta} \frac{F(t + \Delta) - F(t)}{S(t)} \qquad \text{分布関数の定義より} \\
&= \lim_{\Delta \to 0} \frac{F(t + \Delta) - F(t)}{\Delta} \frac{1}{S(t)} \qquad \text{導関数の形に変形} \\
&= \frac{F'(t)}{S(t)} = -\frac{S'(t)}{S(t)} \qquad \text{$S'(t) = -F'(t)$ を利用}
\end{aligned}
$$

以上から, ハザード率は《生存関数とその導関数の比の符号反転》で表せるとわかりました. 生存関数 S とハザード率 h の関係を調べてみましょう. まず合成関数の微分より

$$
\frac{d}{dt} \log S(t) = \frac{dS(t)}{dt} \frac{1}{S(t)} = \frac{S'(t)}{S(t)}
$$

なので, $S'(t)/S(t) = -h(t)$ を

$$
\frac{d}{dt} \log S(t) = -h(t)
$$

と書けます. ここで微分と積分の性質より

$$
\int \frac{d}{dt} \log S(t) dt = \log S(t) + C
$$

であることに注意して, 先の式の両辺を $[0, t]$ の範囲で積分すると

$$
\int_0^t \frac{d}{du} \log S(u) du = \int_0^t -h(u) du
$$

$$
[\log S(u)]_0^t = -\int_0^t h(u) du
$$

$$
\log S(t) = -\int_0^t h(u) du
$$

$$S(t) = \exp\left\{-\int_0^t h(u)du\right\}$$

です．このように，ハザード率が決まれば，生存関数は一意に決まります．いま，ハザード率が時間によらず一定，つまり k を定数として

$$h(t) = k$$

と仮定します．すると生存関数（遅延価値割引の文脈でいえば割引因子）は

$$S(t) = \exp\left\{-\int_0^t h(u)du\right\} = \exp\left\{-\int_0^t kdu\right\} = \exp\left\{-kt\right\} = e^{-kt}$$

です．このように，ハザード率を時間によらない定数 k と仮定した場合に，割引率が k の指数割引モデルになるのです．

また，割引因子が双曲関数になるためのハザード率とは，

$$S(t) = \exp\left\{-\int_0^t h(u)du\right\} = \frac{1}{1+kt}$$

となる $h(t)$ のことです．これを解くと，

$$\exp\left\{-\int_0^t h(u)du\right\} = \frac{1}{1+kt}$$

$$-\int_0^t h(u)du = \log\frac{1}{1+kt}$$

$$\int_0^t h(u)du = \log(1+kt)$$

$$\frac{d}{dt}\int_0^t h(u)du = \frac{d}{dt}\log(1+kt) \quad \text{両辺を } t \text{ で微分する}$$

$$h(t) = k\frac{1}{1+kt} \qquad \text{合成関数の微分より}$$

です．この式からわかるように，双曲割引モデルの割引率 k は，時間 t がたつにつれ，そのハザード率に応じて双曲的に割り引かれていくことがわかります．双曲割引モデルのハザード率がさらに双曲関数になっているのは興味深い結果ですが，その経験的な解釈は難しいかもしれません[2]．

---

[2] Sozou (1998) は，ベイズ統計的観点から，ハザードの不確実性（事前分布）が指数分布のときに双曲割引になることを示しています．

9.3 遅延価値割引のベイズ統計モデリング

行動経済学や心理学では，行動データから人々の割引率を推定する研究が多くあります．心理学では，モデルの数理的特徴にはそれほど重きが置かれていないことから，指数割引か双曲割引かについての解釈はそれほど行われず，観測された主観的等価点によって結ばれた曲線の下側部分の面積（Area of Under the Curve: AUC）によって割引率を推定する方法が使われます (Myerson et al. 2001)．AUC のメリットはどの割引モデルかによらず各個人の割引率を推定できる点にありますが，ノンパラメトリックな方法のため，割引率の理論的な解釈には限界があります．

そこで本章ではベイズ統計モデリングを用いて割引率を推定すると同時に，どの割引モデルがより妥当かをモデル選択によって考察してみましょう．

9.3.1 選好を決定する方略

遅延価値割引は，ある財について，現在と将来の効用（主観的価値）をもとに選好 (preference) が決定されると考えます．特に経済学では，効用が大きい方が常に選好されるという「効用最大化」の仮定があるため，規範的には人はそのように行動するはずと想定されます．しかし，心理学の実験から，人が常に合理的な選好をもつわけではないことがわかっており，行動データを分析する際には，選好を決定するプロセスに確率モデルを仮定することが多いのです．

そこで，具体例をあげながら選好についてのモデルを解説してみましょう．ここで，d 時間後の財 A を獲得できる場合 A^d，即時に財 A を獲得できる場合に A^s と表記します．つまり A^s は A^0 と同じです．すぐに A 円がもらえる即時報酬 A^s と，d 期間後に A 円がもらえる遅延報酬 A^d の 2 つの財について，どちらを選好するかを確率モデルで表現します．また即時報酬 A^s の効用は，

$$U(A, t) = U(A, 0) = U(A^s)$$

遅延報酬 A^d の効用は，

$$U(A, t) = U(A, d) = U(A^d)$$

と表現します.

いま,A^s を選好すれば 0,A^d を選好すれば 1 をとる確率変数を考え,それが,パラメータ θ^d をもつベルヌーイ分布に従うとします.このとき,遅延報酬 A^d が選好される確率は θ^d を使って

$$P(A^d \succeq A^s) = \theta^d$$

と表されます.$A^d \succeq A^s$ は A^d を A^s よりも選好することを表します.遅延報酬 A^d が選択される確率は,即時報酬 A^s と遅延報酬 A^d の効用の差に基づいて決定されると考えられますが,上述のように人は常に合理的に,つまり効用を最大化するように選好するわけではなく,ときとして効用が小さい方を選好する場合もありえます.

そこで,強化学習モデルでもよく使われる,**ソフトマックス (softmax) 行動戦略**と呼ばれる選好関数を仮定します.ソフトマックス行動戦略は,即時報酬 A^s の効用と遅延報酬 A^d の効用のそれぞれを指数変換したものを用いて,次のように行動を決定する方略です[*3].

$$\theta^d = \frac{\exp\left\{\beta U(A^d)\right\}}{\exp\left\{\beta U(A^s)\right\} + \exp\left\{\beta U(A^d)\right\}}$$

β は熱力学の用語から逆温度パラメータとも呼ばれ,$\beta = 0$ ならば確率は 0.5 に,$\beta \to \infty$ の場合,$U(A^s)$ が少しでも $U(A^d)$ より大きければ 0,$U(A^d)$ が少しでも $U(A^s)$ より大きければ 1 になります.これを行動経済学的な観点で解釈すれば,β は合理性 (rationality) の程度を表すパラメータであると理解でき,β が大きいほど合理的であるといえるでしょう.また,この式を分子分母ともに $\exp\left\{\beta U(A^d)\right\}$ で割ると,

$$\frac{\exp\left\{\beta U(A^d)\right\}}{\exp\left\{\beta U(A^s)\right\} + \exp\left\{\beta U(A^d)\right\}} = \frac{1}{\exp\left\{\beta[U(A^s) - U(A^d)]\right\} + 1}$$

$$= \frac{1}{1 + \exp\left\{-\beta[U(A^d) - U(A^s)]\right\}}$$

となり,即時報酬 A^s の効用と遅延時間 d における遅延報酬 A^d の効用の差を説明変数とし,β を回帰係数としたロジスティック回帰分析と同様の確率モデルになります.

[*3] 反応の起こりやすさを指数変換した総和の比から,確率を計算する関数のことをソフトマックス関数と呼びます.

効用関数は，前節で述べた指数割引モデルや双曲割引モデルを用いて表現することができます．かりに割引が指数割引モデル，報酬が即時，遅延ともに 5 万円で，遅延が 1 年後（12 カ月，つまり $d = 12$），の場合，A^s と A^{12} の効用はそれぞれ，

$$U(A^s) = U(A, t) = U(50000, 0) = 50000 \cdot e^{-0k}$$
$$U(A^{12}) = U(A, t) = U(50000, 12) = 50000 \cdot e^{-12k}$$

です．なお，即時報酬の効用 $U(A)$ は，ここでは恒等関数 $U(A) = A$ を仮定しています．

9.3.2 行動データによるモデリング

心理学では，心理物理学的手法によって，即時報酬 A^s の効用と遅延報酬 A^d の主観的等価点を推定する手法が用いられます．主観的等価点とは，たとえば最初に即時報酬を 5 万円，遅延報酬が 1 年後に 5 万円という条件を呈示し（多くの場合，即時報酬が選ばれる），次に即時報酬を 4 万円，遅延報酬はそのままで呈示します．続いて即時報酬を 3 万円，遅延はそのまま，という条件呈示を繰り返し，選好がひっくり返った試行の間に主観的等価点，つまり 1 年後に 5 万円と等価値である即時報酬があると判断します．主観的等価点の利用によって，遅延報酬の効用を行動データから推定可能です．

上述のように心理学では，主観的等価点を結んだ曲線より下の部分の面積である AUC の大きさを割引率の個人差として推定するノンパラメトリックな手法をよく使いますが，本章ではベイズ統計モデリングを用いて，パラメトリックな確率モデルによる割引率の推定を行います．

9.4 ベイズ統計モデリングによる遅延価値割引の推定

データは，実際に 30 名の大学生に講義中調査を行って収集したものを使います．図 9.4 のように，遅延報酬は呈示が変わらず，即時報酬の報酬額のみが 5 万円から 5 千円ずつ減っていき，どちらが選択されるかを測定しました．また，即時報酬を選好すれば 0，遅延報酬を選好すれば 1 とコードしました．遅延報酬の遅延期間は {1 カ月, 3 カ月, 6 カ月, 1 年, 2 年 } の 5 パターンでした．すなわち，試行数は 10 × 5 パターンの 50 回です．

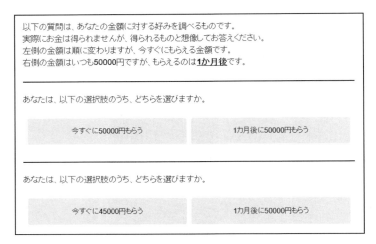

図 9.4 データ取得のための調査画面

それでは，このデータを用いて指数割引モデルと双曲割引モデルの割引率を Stan で推定してみましょう．

最初は，個人差を無視して回答者全員が同じ割引率であるという強い仮定のモデルを推定します．このモデルはすでに説明したように，次のような仮定を置きます．即時報酬の大きさ A_i^s は選択肢 $i \in \{1, 2, \ldots, 50\}$ によって変わり，遅延報酬の大きさ A^d は常に 5 万円です．そして，P_i は選好データを表し，0 と 1 でコードされています．それがパラメータ θ^d をもつベルヌーイ分布に従うと仮定します．続いて，θ^d は，効用 $U(A_i^s)$ と $U(A^d)$ の差がロジスティックリンク関数で構造化されているとします．そして，即時報酬の効用 $U(A_i^s)$ は呈示された即時報酬の金額 A_i そのもので，遅延報酬の効用 $U(A^d)$ が指数割引，あるいは双曲割引モデルで計算されると想定します．この仮定での選択肢における選好についての確率モデルは，次のようになります．

$$P_i \sim \text{Bernoulli}(\theta_i^d)$$
$$\theta_i^d = \text{logistic}(\ \beta\{U(A^d) - U(A_i^s)\}\ )$$
$$U(A_i^s) = U(A, t) = U(A_i, 0) = A_i$$
$$U(A^d) = U(A, t) = U(50000, d) = 50000 e^{-kd}$$
$$k \sim \text{half\_Cauchy}(0, 5)$$

$$\beta \sim \text{half\_Cauchy}(0, 5)$$

ここで，ロジスティック関数は，$\text{logistic}(x) = (1 + e^{-x})^{-1}$ です．パラメータ k, β は両方とも，非負の値をとるため，半コーシー分布を仮定しています．半コーシー分布はコーシー分布の非負の部分のみによって定義される確率密度関数です．コーシー分布は裾が非常に重い分布であるため[*4]，半コーシー分布は非負のパラメータの無情報分布としてよく用いられます．

指数価値割引についての Stan コード（主要部分のみ）は以下のとおりです[*5]．これを exponential.Stan に保存します．

```
data {
    int N;
    int Trial;
    real D[Trial]; //  遅延時間
    real amount_delay; //遅延報酬の財の大きさ
    real amount_soon[Trial]; //  即時報酬の財の大きさ
    int<lower=0,upper=1> choice[N,Trial]; //選好された選択肢
}

parameters {
    real<lower=0> k; //割引率パラメータ
    real<lower=0> beta; // 逆温度パラメータ
}

model {
    real v_soon;
    real v_delay;
    for(t in 1:Trial) {
        v_delay = amount_delay*exp(-k*D[t]);
        v_soon = amount_soon[t];
        for(n in 1:N){
            target += bernoulli_logit_lpmf(choice[n,t] | beta*(
                v_delay-v_soon));
        }
    }
    target += cauchy_lpdf(k | 0,5) - cauchy_lccdf(0 | 0,5);
    target += cauchy_lpdf(beta | 0,5) - cauchy_lccdf(0 | 0,5);
```

[*4] 裾が重いとは，連続分布において確率密度の減衰が指数関数的ではなく，それよりもゆるやかになっていることを指します．具体的には，実現値（の絶対値）がとても大きくなっても，確率密度がなかなか小さくならないような分布の性質を指します．

[*5] 本章では自由エネルギーによってモデル比較を行うため，ターゲット記法でコードを記述しています．

```
27  }
```

なお，双曲割引モデルは，19 行目を次のように変更します．

```
1  v_delay = amount_delay*1/(1+k*D[t]);
```

Stan は以下の R コードで実行しました．

```
1   library(rstan)
2   library(bridgesampling)
3
4   dat <- read.csv("discount_data.csv")
5   N <- 30
6   Trial <- nrow(dat)
7   D <- dat$D
8   amount_soon <- dat$amount_soon/10000
9   amount_delay <- 5
10  choice <- t(dat[-(1:3)]-1)
11
12  datastan <- list(N=N,Trial=Trial,D=D,
13  amount_delay=amount_delay,amoutn_soon=amount_soon,
14  choice=choice)
15
16  model.ex <- stan_model("exponential.stan")
17
18  fit.ex <- sampling(model.ex,data=datastan,iter=11000,warmup=1000,
            chains=4,cores=4)
```

　ブリッジ・サンプリングを実行する場合は，MCMC サンプルのサイズを大きめに設定するほうが正確な値が推定できます．R コード中の discount_data.csv はデータファイルです．

9.5　モデル比較

　推定した結果，指数割引モデルの割引率は $k = 0.05$，双曲割引モデルの割引率は $k = 0.08$ でした（図 9.5）．

　今回は，モデル比較の指標として自由エネルギーを推定します．第 7 章で解説したように，自由エネルギーは，通常では計算が困難ですが，MCMCによって推定された事後分布のデータから，WBIC やブリッジ・サンプリングなどの方法で近似値を計算できます．今回は R の bridgesampling パッケージを用いて計算しました．指数割引モデルの自由エネルギーは 712.95，

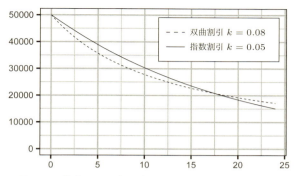

図 9.5 推定された割引率による指数割引と双曲割引の曲線

双曲割引モデルの自由エネルギーは 700.34 で，自由エネルギーの観点からは，双曲モデルが妥当であることがわかりました．つまり，時間がたつにつれてハザード率が小さくなるようなモデルのほうが，人の時間に関する選好をうまく説明できていることになります．

9.6 個人差の推定

9.6.1 個人ごとに推定するモデル

ここまでは，割引率が全員同じであるという仮定でモデルを立てていました．しかし，割引率には個人差が大きいことが心理学の研究でわかっています．それでは，割引率 k に個人差がある場合を考えます．個人 $j \in \{1, 2, \ldots n\}$ についての確率モデルは以下のとおりです．

$$P_{j(i)} \sim \text{Bernoulli}(\theta^d_{j(i)})$$

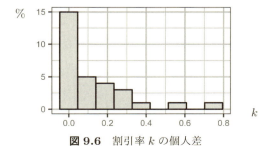

図 9.6 割引率 k の個人差

$$\theta_{j(i)}^d = \text{logistic}(\ \beta\{U_j(A^d) - U(A_i^s)\}\ )$$
$$U(A_i^s) = A_i, \quad U_j(A^d) = 50000 \cdot e^{-k_j d}$$
$$k_j \sim \text{half\_Cauchy}(0,5), \quad \beta \sim \text{half\_Cauchy}(0,5)$$

このモデルは，個人別に割引率のパラメータを推定しています（図 9.6）.

Stan で推定した結果，自由エネルギーは指数割引モデルが 441.30，双曲割引モデルでは 397.14 となり，どちらも割引率が人によって共通するモデルよりは大幅に改善されました．このことから，割引率は全員で一定ではなく，個人差を考慮するほうがよい，といえます.

9.6.2 階層モデル

上のモデルは，個人ごとに割引率を推定するため，サンプルをたくさん集めても，そのたびに推定すべきパラメータが増えるため，効率がよくありません．そこで，割引率の個人差を認めつつ，割引率が一定の確率分布に従うというモデルを想定してみます．こういった確率モデルを，特に**階層モデル** (hierarchical model) と呼びます.

階層モデルは，パラメータについてさらに確率分布を仮定し，そのパラメータ（ハイパーパラメータといいます）を推定することから，分布について階層性があるため，そう呼ばれます．階層モデルは，全員に 1 つの共通する値を推定するモデル（9.4 節のモデル）と，全員にそれぞれ違う値を推定するモデル（9.6.1 項のモデル）の，ちょうど間に位置するモデルです．平均と分散が未知であるような特定の確率分布をゆるやかに仮定することで，個人ごとの違いを表現しながら，全体に共通するモデルを考えているため，サンプルが大きくなるたびに推定が安定していきます (清水 2014).

階層モデルをたてるためには，まず割引率の個人差がどのような確率分布に従うかを考える必要があります．割引率 k_i はハザード率，すなわち主観的に財がなくなる時間の確率密度を表していると考えていました．よって，0 以上の値をとりますが，必ずしも 1 以下とは限りません．そこで，ここでは個人 j の割引率 k が対数正規分布に従うと仮定します．この仮定の下で確率モデルは，

$$P_{j(i)} \sim \text{Bernoulli}(\theta_{j(i)}^d)$$
$$\theta_{j(i)}^d = \text{logistic}(\ \beta\{U_j(A^d) - U(A_i^s)\}\ )$$

$$U(A_i^s) = A_i \quad U_j(A^d) = 50000e^{-k_j d}, \quad \beta \sim \text{half\_Cauchy}(0,5)$$
$$k_j \sim \text{Lognormal}(\mu_k, \sigma_k)$$
$$\mu_k \sim \text{Normal}(0, 10^2), \qquad \sigma_k \sim \text{half\_Cauchy}(0,5)$$

です. μ_k と σ_k は割引率 k の平均と標準偏差を表すパラメータで, ハイパーパラメータと呼びます. このハイパーパラメータを未知として割引率 k を推定します. 逆温度パラメータ β は, 今回は全員共通ですが, こちらも階層モデルを同様に立てることもできます. Stan コードは以下のとおりです.

```
data {
    int N;
    int Trial;
    real D[Trial];
    real amount_delay;
    real amount_soon[Trial];
    int<lower=0,upper=1> choice[N,Trial];
}

parameters {
    real<lower=0> k[N];
    real<lower=0> beta;
    real mu_k;   //割引率k の位置パラメータ
    real<lower=0> sigma_k;   //割引率k の尺度パラメータ
}

model {
    real v_soon;
    real v_delay;
    for (t in 1:Trial) {
        v_soon = amount_soon[t];
        for(n in 1:N){
            v_delay = amount_delay*exp(-k[n]*D[t]);
            target += bernoulli_logit_lpmf(choice[n,t] | beta*(
                v_delay-v_soon));
        }
    }
    target += lognormal_lpdf(k | mu_k,sigma_k);
    target += normal_lpdf(mu_k | 0,10^2);
    target += cauchy_lpdf(sigma_k | 0,5) - cauchy_lccdf(0 | 0,5);
    target += cauchy_lpdf(beta | 0,5) - cauchy_lccdf(0 | 0,5);
}
```

階層モデルの推定の結果, 自由エネルギーは指数割引モデルが 333.79, 双曲割引モデルが 303.83 と, さらに改善されました. このように, パラメー

タの個人差を推定する場合は，階層モデルのほうがデータへの説明力は高くなる傾向にあります．

9.7 モデルの発展

これまでの結果から，指数割引に比べて双曲割引のほうがデータをうまく説明できていることがわかりました．このことから，人々は時間がたつにつれてハザード率（瞬間的な財のなくなりやすさ）を小さく見積もるようになる，ということが示唆されます．

一方で，双曲割引のハザード率のモデルは，なぜそのようなモデルになるのか，メカニズムが不明でした．それは，双曲割引モデルはもともと心理学分野で，行動データをうまく説明するために導入された，アドホックなモデルだからです．そこで，人々が遠い時間になるほどハザード率を小さく見積もるメカニズムについて考えてみましょう．

ハザード率が時間に応じて変化する，というのはそもそも不思議な話です．財のなくなりやすさはいまよりも将来のほうが小さいと考えるのはあまり妥当な見積もりではなさそうです．しかし，将来の時間を客観的な時間よりも近く感じるならば，ハザード率が一定でも，財が存在している生存確率を，時間が遅延するほど主観的に高く感じるかもしれません．

これをモデルで表すと次のようになります．いま，ハザード率は時間によらず一定で，k だとします．しかし，生存確率を計算するための時間 t が，主観時間 $f(t)$ に変化するとしましょう．すると，生存関数は

$$S(t) = \exp\left\{-\int_0^{f(t)} kdu\right\} = \exp\left\{-kf(t)\right\} = e^{-kf(t)}$$

となります．見た目はほとんど指数割引モデルと同じですが，主観時間 $f(t)$ の仮定によりモデルが変わってきます．ここでは，Kim & Zauberman (2009) に従い，主観時間が，実時間のべき関数で表せるとして，

$$f(t) = at^s$$

となると仮定します．主観的時間が実時間のべき関数に従うというのは，古典的には Steven のべき法則が有名です．一般に，遠い時間ほど相対的に近く感じられることが知られており，$s < 1$ が想定されています．Kim &

Zauberman (2009) においても，$s = 0.72$ と推定されています．この仮定を
受けて，生存関数は，

$$S(t) = \exp\{-kf(t)\} = \exp\{-kat^s\}$$

となります．このモデルでは，割引率 k と主観時間の関数のパラメータ a は
識別できないため[*6]，実際に推定する場合は，$a = 1$ として，

$$S(t) = \exp\{-kt^s\}$$

というモデルを考えます．このモデルを，主観時間・指数割引モデルと呼ぶ
ことにします．よく似たモデルとして，Ebert & Prelc (2007) はワイブル関
数による割引モデルを提案しています．それは，

$$S(t) = \exp\{-(kt)^s\}$$

というモデルです．主観時間・指数割引モデルとワイブル割引モデルは，パ
ラメータ化のしかたが違うだけで，確率モデルとしては実質的に同じです．

　主観時間・指数割引モデルでも，ワイブル割引モデルでも，パラメータ s
は将来の遠い時間を，現在に比べてどれほど近く（遠く）に感じるか，を意
味しています．$s \leq 1$ の場合は遠い将来は比較的近く感じ，$s > 1$ の場合は
遠い将来はさらに遠く感じるようになります（図 9.7）．$s = 10$ ともなれば，
ある時間 t を超えると途端に大きな割引が行われるようになります．$s = 1$
（実線）の場合は通常の指数割引モデルと同じです．また，$s < 0$ の場合は関
数が単調減少関数とならなくなるため，今回は考慮しないことにします．

　それでは，この主観的時間の個人差である s を階層モデルによって推定す
る，主観時間・指数割引モデルを Stan で推定してみましょう．s も 0 より
大きい実数をとるため，割引率 k と同様，対数正規分布を仮定します．まず
確率モデルは，以下のようになります．

$$P_{j(i)} \sim \text{Bernoulli}(\theta_j(i)^d)$$
$$\theta_{j(i)}^d = \text{logistic}(\ \beta\{U_j(A^d) - U(A_i^s)\}\ )$$
$$U(A_i^s) = A_i, \quad U_j(A^d) = 50000 \cdot \exp\{-k_j d^{s_j}\}$$

[*6] k と a が積の形であるため，k と a がユニークに定まりません．具体的には，k が 0.5
で a が 2 であっても，両方が 1 であっても，積が 1 で同じため，モデルとしてはまった
く同じになってしまい，2 つの違いが識別できないということです．

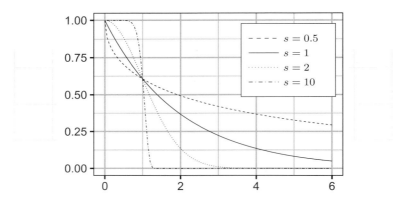

図 9.7 主観時間・指数割引モデルの割引因子

$$\beta \sim \text{half\_Cauchy}(0, 5)$$
$$k_j \sim \text{Lognormal}(\mu_k, \sigma_k), \quad \mu_k \sim \text{Normal}(0, 10^2), \quad \sigma_k \sim \text{half\_Cauchy}(0, 5)$$
$$s_j \sim \text{Lognormal}(\mu_s, \sigma_s), \quad \mu_s \sim \text{Normal}(0, 10^2), \quad \sigma_s \sim \text{half\_Cauchy}(0, 5)$$

`Stan` コードはサポートページからダウンロードできます．

推定した結果，主観時間・指数割引モデルは，自由エネルギーが 290.26 となりました．これは，双曲割引モデルよりもより小さく，よりデータを説明できているといえます．すなわち，割引率が時間にともなって小さくなる現象にも個人差があるといえるでしょう（図 9.8）．

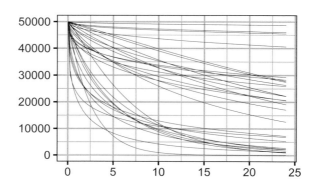

図 9.8 主観時間・指数割引モデルによる回答者ごとの割引曲線

9.7 モデルの発展 165

　ただし，割引率が小さくなる程度の個人差が，本当に「時間が主観的に歪められているから」であるかどうかは，今回のデータだけではわかりません．別の実験によって得られたパラメータによって確かめる必要があります*7.

　しかし，ここで強調しておきたいのは，データにあてはめるだけのアドホックなモデリングではなく，できるだけ理論的に想定可能なモデルを，いくつかの仮定から導出してつくり出すことが重要である，ということです．

　本章では，統計モデリングによって，遅延した財の効用が時間にともなって減っていくメカニズムを探索しました．自由エネルギーを用いて，想定したモデルがどれほどデータを説明できているのかを数量的に評価できます．しかし，モデル比較はあくまで相対的な比較なので，想定したモデルよりもよりよいモデルがある可能性は常にあります．また，単に自由エネルギーが小さいモデルを採用するのではなく，その背後にあるメカニズムを数学的に考え，モデルに反映させることで，データにより合ったものを選んでいくことが重要です．

---

*7 Kim & Zauberman (2009) では実際に別課題を用いて，時間が主観的に歪められることによって割引率が小さくなることを確かめています．

第 **10** 章

所得分布の生成モデル

　第 8 章では，分布を合成する方法と，パラメータを仮定から導出する方法を紹介しました．本章では，さらに自由な表現として確率分布そのものを理論的な仮定から導出する方法を紹介します．はじめに確率論をベースにした社会学的・経済学的トイモデルをつくり，次にそのトイモデルをベイズ統計モデルに接続します．

　本書ではトイモデルという言葉を，現象の本質を抽出した単純な数学モデルの意味で使います．現実のデータを統計モデルで近似するためには，たくさんの条件（説明変数）を考慮する必要がありますが，トイモデルをつくる場合には，本質的な条件だけに注目します．トイモデルの目的はデータにできるだけフィットするモデルをつくること（周辺尤度の最大化）ではなく，データを生み出すメカニズムの明確化です．

10.1　所得分布の生成

　8.3 節では，所得データをハードルモデルを使って説明しました．もう一度確認すると図 10.1 のようなモデルです．

　ハードルモデルでは，稼得状態になったあと，所得が対数正規分布に従うことを仮定していました．しかし図中の？が示しているとおり，なぜ対数正規分布に従うのかは説明されていません．

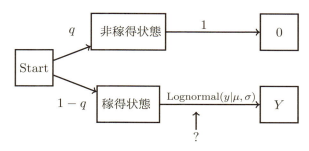

図 10.1 ハードルモデルの樹形図

そこで本章では，まず対数正規分布を導出する単純なモデルをつくり，その後でベイズ統計モデルに接続します．ベースとなるモデルは所得分布の生成モデル (Hamada 2004) です．オリジナルはゲーム理論で定式化していますが，まずはより簡潔な確率モデルに変換します．

モデルの背景と問題関心

過去の統計データから所得分布は多くの社会で，対数正規分布（中・低所得層）やパレート分布（高所得層）で近似できることが知られています．所得分布の生成過程を人的資本の累積的獲得という観点からモデル化します．**人的資本**とは労働者の所得のばらつきを説明するために提唱された概念で，訓練や教育によって個人に蓄積した情報や技能を意味します．人的資本論では教育や訓練という投資により労働生産性が高まると考えます (Mincer 1958; Becker 1962)．そこで，所得分布が次のようなプロセスを経て生成されると仮定します (Hamada 2016, 2019)．

- 成功確率 $p \in (0,1)$ で人的資本の投資を n 回繰り返す．
- 初期資本（initial capital）を $y_0 \in \mathbb{R}^+$ で，利益率（rate of return）を $b \in (0,1)$ で表す．
- 投資コストは t 時点の資本 y_t に利益率をかけた値 $y_t b$ である．
- t 期に成功すると，直前の期に投資したコスト $y_{t-1}b$ だけ，人的資本が増える．つまり t 期の人的資本は $y_t = y_{t-1} + y_{t-1}b = y_{t-1}(1+b)$. 反対に失敗すると $y_{t-1}b$ だけ減る．$y_t = y_{t-1} - y_{t-1}b = y_{t-1}(1-b)$.

人的資本の累積的な獲得プロセスを図 10.2 の樹形図で表します．

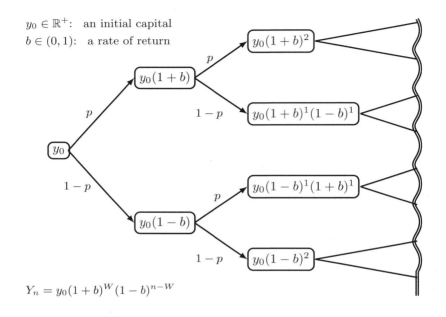

図 10.2 所得分布の生成モデルの樹形図．Hamada (2019) より再掲．

この樹形図から，人的資本の増減は利益率 b の指数で表されることがわかります．また 2 段階目の分岐の真ん中 2 つの資本を比べると，どちらも

$$y_0(1+b)^1(1-b)^1$$

です．このことは，《1 回成功した後で 1 回失敗すること》と《1 回失敗した後で 1 回成功すること》が結果的に同じ変化をもたらすことを示しています．

実際，n 回の試行のうち，k 回成功した場合の人的資本 y_n は数学的帰納法によって

$$y_n = y_0(1+b)^k(1-b)^{n-k}$$

です (Hamada 2016)．このことを確認しておきましょう．$n=1$ のとき成

功すれば

$$y_1 = y_0 + y_0 b = y_0(1 + b) = y_0(1 + b)^1(1 - b)^0$$

です. 失敗すれば

$$y_1 = y_0 - y_0 b = y_0(1 - b) = y_0(1 + b)^0(1 - b)^1$$

なので成立します. 次に $n - 1$ 回目で命題が成立すると仮定します. $n - 1$ 回中 k 回成功していたとするならば, 帰納法の仮定より

$$y_{n-1} = y_0(1 + b)^k(1 - b)^{n-1-k}$$

です. n 回目が成功なら

$$\begin{aligned}
y_n &= y_{n-1} + y_{n-1} b = y_{n-1}(1 + b) \\
&= y_0(1 + b)^k(1 - b)^{n-1-k}(1 + b) \\
&= y_0(1 + b)^{k+1}(1 - b)^{n-(k+1)}
\end{aligned}$$

であり, 確かに n 回中 $k + 1$ 回成功した場合に一致します.

次に, n 回目が失敗なら

$$\begin{aligned}
y_n &= y_{n-1} - y_{n-1} b = y_{n-1}(1 - b) \\
&= y_0(1 + b)^k(1 - b)^{n-1-k}(1 - b) \\
&= y_0(1 + b)^k(1 - b)^{n-k}
\end{aligned}$$

となり, n 回中 k 回成功した場合に一致します. つまり《n 回中, 何回成功したか》がわかれば, y_n は一意的に定まります.

10.2 対数正規分布の導出

命題 3 (人的資本 Y_n の確率密度関数). n 回の投資機会を経たあとの人的資本 Y_n の分布は対数正規分布で近似できる. その確率密度関数は

$$f(y) = \frac{1}{\sqrt{2\pi npqA^2}} \frac{1}{y} \exp\left\{-\frac{1}{2}\frac{(\log y - B - Anp)^2}{npqA^2}\right\}$$

ただし $\quad A = \log\dfrac{1+b}{1-b}, \quad B = \log y_0 + n\log(1-b), \quad q = 1-p$

となる (Hamada 2004, 2016, 2019).

証明. n 回の投資における成功回数を確率変数 W とおきます．すると W は 2 項分布に従います．

$$W \sim \text{Binomial}(n, p)$$

すると n 回後の資本 Y_n は

$$Y_n = y_0(1+b)^W(1-b)^{n-W}$$

で表すことができます（Hamada 2016）．ここで W を平均 np と標準偏差 $\sqrt{npq}$ で標準化した確率変数に関して，ド・モアブル–ラプラスの中心極限定理を適用すると

$$\frac{W - np}{\sqrt{npq}} \sim \text{Normal}(0, 1)$$

が成立します (河野 1999)．よって n が十分に大きいとき，W は変数変換により，漸近的に

$$\text{Normal}(np, \sqrt{npq})$$

に近づきます．ここで $\sqrt{npq}$ は標準偏差です．さて人的資本 Y_n の対数をとると

$$\log Y_n = \log\frac{1+b}{1-b}W + \log y_0 + n\log(1-b)$$

です．ここで A, B という記号を導入して

$$A = \log\frac{1+b}{1-b}, \qquad B = \log y_0 + n\log(1-b)$$

と定義すると

$$\log Y_n = B + AW \quad (A, B \in \mathbb{R})$$

です．右辺は W の一次変換です．n が十分に大きいとき，W は正規分布で近似できます．W の一次変換もまた正規分布で近似できるので，結局

$\log Y_n$ は正規分布で近似できます．よって対数正規分布の定義により，資本 Y_n が対数正規分布で近似できることがわかりました[*1]．

ところで，確率変数 Y がパラメータ μ, σ の対数正規分布に従うことを記号で

$$Y \sim \text{Lognormal}(\mu, \sigma)$$

と書きました（5.6 節）[*2]．$\log Y_n$ の平均は W の平均 np を A 倍して定数 B を足した数です．また $\log Y_n$ の標準偏差は W の標準偏差 $\sqrt{npq}$ を A 倍した数です．よって Y_n は近似的に $\text{Lognormal}(Anp + B, A\sqrt{npq})$ に従います．A, B を明示的に書けば

$$Y_n \sim \text{Lognormal}\left(\log y_0 + n\log(1-b) + \log\frac{1+b}{1-b}np, \sqrt{npq}\log\frac{1+b}{1-b}\right)$$

です．以上で命題が示されました． □

10.3 所得分布生成モデルのベイズ推測

資本 Y_n の確率モデルのパラメータは理論モデルの条件である p, b, n, y_0 によって一意的に決まることがわかりました．この命題を利用してベイズ推測のための確率モデルをつくります．データと対応させるために，個人所得 Y_i が人的資本に一致すると仮定します[*3]．

$$\log Y_i \sim \text{Normal}(\mu, \sigma), \quad i = 1, 2, \ldots, N \,(\text{個人})$$
$$\mu = \log y_0 + n\log(1-b) + \log\frac{1+b}{1-b}np$$
$$\sigma = \sqrt{npq}\log\frac{1+b}{1-b}$$
$$p \sim \text{Beta}(1,1), \qquad b \sim \text{Beta}(1,1)$$

[*1] 資本を対数正規分布で近似するとき，中心極限定理（$n \to \infty$ における分布収束）ではなく，漸近的な近似を使います．ここでは2項分布を標準化せずに n を大きくすると正規分布 $\text{Normal}(np, \sqrt{npq})$ に近づくという性質を漸近的な近似と呼ぶことにします．

[*2] このことは確率変数 Y が対数をとったときに $\text{Normal}(\mu, \sigma)$ に従うことを意味します．Y 自身の平均と標準偏差が μ, σ ではないので注意します．

[*3] 人的資本の一部が所得に変換されると仮定する方が現実的ですが，Y が対数正規分布に従うとき，$a > 0$ として aY も対数正規分布に従うので，ここでは単純化のために，人的資本と所得が一致すると仮定します．

172   10. 所得分布の生成モデル

このように確率変数の生成過程をモデル化しますと，統計的推測における確率モデルのパラメータの関数型を，理論的に定めることができます．

一方で所得分布を推測するもっとも単純な従来のモデルは

$$\log Y_i \sim \mathrm{Normal}(\mu, \sigma), \qquad i = 1, 2, \ldots, N\,(\text{個人})$$
$$\mu \sim \mathrm{Uniform}(-10, 10)$$
$$\sigma \sim \mathrm{Uniform}(0, 10)$$

という分布のあてはめモデルです．この場合，両者とも説明変数がないモデルなので，予測精度という点では違いがありません．しかし，前者は人的資本論という理論からパラメータと分布を導出したモデルであり，後者はアドホックに分布をあてはめたモデルです．個別分野の発展の観点からは，前者の理論モデルの提唱が望ましいと私たちは考えます．

所得分布の生成モデルの Stan コードは以下のようなものです．単純化のため，資本投資回数 n と初期資本 y_0 を定数とおいて推定します．

```
1  data{
2      int N;// sample size
3      real y[N];//log of income
4  }
5
6  parameters {
7      real <lower=0, upper=1> p; //成功確率
8      real <lower=0, upper=1> b; //投資利益率
9  }
10
11 transformed parameters{//y0=10, n=10を仮定
12     real m;
13     real s;
14     real y0;// initial capital
15     real n;// number of chance
16     y0=10;n=10;
17     m = log(y0)+n*log(1-b)+log((1+b)/(1-b))*n*p;
18     s = sqrt(n*p*(1-p))*log( (1 + b )/(1 - b));
19 }
20
21 model {
22     for (i in 1:N)y[i] ~ normal(m, s);
23 }//データ上,対数所得に変換済み
```

この一連の定式化によって，トイモデルと統計的推測を接続することができます．理論モデルに基づく事後分布の推定結果と予測分布を確認しておき

ましょう（図10.3）．MCMCの設定は warmup=500, iter=1500, chains = 4 です．推定にはSSP調査データ（134ページ参照）を使いました．

```
     mean    2.5%   97.5%  n_eff   Rhat
m   5.4845  5.4507  5.5184   4000  0.9993
s   0.9541  0.9297  0.9799   2132  1.0009
p   0.9192  0.9165  0.9219   2319  1.0008
b   0.5032  0.4968  0.5102   2913  1.0000
```

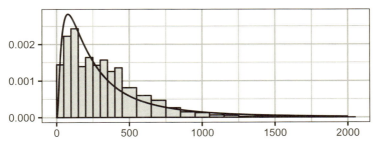

図 10.3 予測分布とデータ（SSP2015個人年収）の比較

　理論的に定式化したトイモデルをベースにしたベイズモデルが，対数所得に正規分布をあてはめるだけのGLMよりも《よいモデル》である保証はありません．トイモデルもあてはめGLMも，真の分布を知りえない状況下での推測という意味では等価だからです．ただし，理論モデルを定式化することによってのみ知りえる情報や知見（インプリケーション）が存在します．

10.4　所得分布生成モデルのインプリケーション

　所得分布生成モデルをベースにベイズ推定したパラメータを用いて，インプリケーションを分析しましょう．対数正規分布 Lognormal(μ, σ) に従う確率変数 Y の期待値は

$$\mathbb{E}[Y] = \exp\left\{\mu + \frac{\sigma^2}{2}\right\}$$

でした．私たちは理論モデルにより，μ, σ をモデルの外生変数である p, b, n, y_0 の関数として特定しています[*4]．このことを利用して，パラメー

[*4] **外生変数**とは，モデルの所与の条件として仮定する変数のことです．モデルの外側で決まっている，という意味で外生という語を使います．他方，モデルの内部で決まる変数のことを**内生変数**と呼びます．

タ p, b に対応した平均 $\mathbb{E}[Y]$ の変化を分析します.

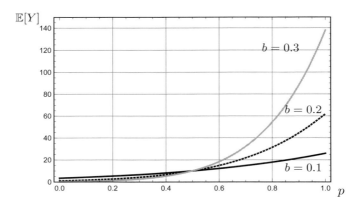

図 10.4 資本獲得確率 p, 利益率 b と所得平均 $\mathbb{E}[Y]$ の関係. $n = 10$, $y_0 = 10$

図 10.4 から平均 $\mathbb{E}[Y]$ が, p に関して増加であると予想できます. ただし, およそ 0.5 を境にして p が小さい範囲と大きい範囲では, 利益率の影響が逆転しているように見えます. $p \leq 0.5$ の範囲で図を描いてみましょう.

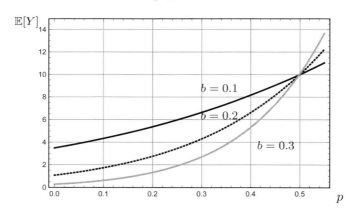

図 10.5 資本獲得確率 p, 利益率 b と所得平均 $\mathbb{E}[Y]$ の関係. $n = 10$, $y_0 = 10$

利益率は人的資本の増加率ですから, 直感的には大きくなるほど, 所得も増加するだろうと予想できます. しかし理論的には, 図 10.5 が示すとおり, p がおよそ 0.5 より小さい範囲では, 利益率が大きいほど平均 $\mathbb{E}[Y]$ は減少します. では, 確率 p の影響は利益率によって変化するでしょうか.

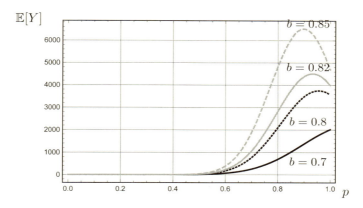

図 10.6 資本獲得確率 p, 利益率 b と所得平均 $\mathbb{E}[Y]$ の関係. $n = 10$, $y_0 = 10$

図 10.6 を見ると，利益率 b が 0.8 を超えて大きくなると，成功確率 p の影響が単調でないことがわかります．一般的に，次が成立します．

> **命題 4.** 利益率 $b < (e^2 - 1)/(e^2 + 1)$ のとき，人的資本の平均 $\mathbb{E}[Y]$ は成功確率 p の増加関数である (Hamada 2016).

証明．平均 $\mathbb{E}[Y]$ は成功確率 p の関数なので，$b < (e^2 - 1)/(e^2 + 1)$ の範囲で，その関数が p に関して増加であることを示します．$\mathbb{E}[Y] = \exp\{f(p)\}$ とおけば，
$$f(p) = B + Anp + \frac{1}{2}np(1-p)A^2$$
ただし
$$A = \log\left(\frac{1+b}{1-b}\right), \quad B = \log y_0 + n\log(1-b)$$
と書けます．$f(p)$ を p で微分すると $df(p)/dp = An + A^2 n(1-2p)/2$. この導関数が正であると仮定すると
$$\frac{df(p)}{dp} = An + \frac{A^2 n(1-2p)}{2} > 0 \iff A(2p-1) < 2.$$
左辺の最大値は $p = 1$ のとき A なので $A < 2$ が成立すれば，$A(2p-1) < 2$，いいかえれば $df(p)/dp > 0$ が成立します．つまり
$$A = \log\frac{1+b}{1-b} < 2 \implies \frac{df(p)}{dp} > 0$$

です．十分条件の部分を整理すると

$$\log \frac{1+b}{1-b} < 2 \Longleftrightarrow e^2 > \frac{1+b}{1-b}$$

$$\Longleftrightarrow (1-b)e^2 > 1+b \Longleftrightarrow b < \frac{e^2-1}{e^2+1}.$$

まとめると

$$b < \frac{e^2-1}{e^2+1} \Longrightarrow \frac{df(p)}{dp} > 0$$

です．$(e^2-1)/(e^2+1) \approx 0.7616$ なので，利益率がおよそ 0.76 以下なら，$\mathbb{E}[Y]$ に対する p の影響は正です． $\square$

さて利益率 b と資本獲得確率 p の推定結果を確認してみますと，事後分布の平均は $b = 0.50$, $p = 0.92$ です．したがって，モデルが正しいとするならば，平均的にはこれらのパラメータ実現がする範囲では，利益率 b が $(e^2-1)/(e^2+1)$ よりも小さいため，所得の平均は成功確率 p の増加関数である，と考えてよさそうです．また成功確率 p も十分に高いことから，この範囲では，平均所得は利益率に関して増加すると考えられます．

次に，所得不平等度に対する p, b の影響を確認します．所得の不平等を分析する際に，よく用いられる指数が**ジニ係数**です[5]．非負の実現値をとる分布の確率密度関数が $f(x)$, 平均が μ であるとき，ジニ係数を

$$G = \frac{1}{2\mu} \int_0^\infty \int_0^\infty |x-y| f(x) f(y) dx dy$$

と定義します．対数正規分布 Lognormal(μ, σ) のジニ係数は，分布のパラメータ σ だけに依存し，

$$G = 2 \int_{-\infty}^{\sigma/\sqrt{2}} \frac{1}{\sqrt{2\pi}} e^{-\frac{x^2}{2}} dx - 1 \tag{10.1}$$

であることが知られています (Aitchison & Brown 1957).

ここで，人的資本モデルから導出したパラメータ σ は

$$\sigma = \sqrt{np(1-p)} \log\left(\frac{1+b}{1-b}\right)$$

---

[5] 経済学でジニ係数がよく用いられる理由としては，ローレンツ曲線と厳密に対応すること，ピグー–ドールトン条件（貧しい人から裕福な人への所得移転は不平等測度を悪化させるという条件）を満たすこと，などがあげられます (Sen 1997＝2000).

であることがわかっています．ゆえにジニ係数を合成関数 $G = f(\sigma)$ とみなして，p, b で微分すれば，その増減がわかります．

まず，p, b の変化がジニ係数に及ぼす影響をグラフで確認してみましょう．

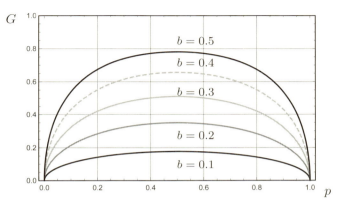

図 10.7 資本獲得確率 p, 利益率 b とジニ係数 G の関係．$n = 10$, $y_0 = 10$

図 10.7 から，ジニ係数は利益率 b によって増加し，獲得確率 p が 0.5 のとき最大化すると予想できます．一般的に，モデルから導出したジニ係数に関しては，次の命題が成立します．

> **命題 5.** 人的資本 Y_n のジニ係数は，利益率に関して増加である．また p に関しては $p = 0.5$ で極大値をとる．

証明. G は σ の関数であり，σ は p の関数なので，合成関数の微分法を使って

$$\frac{\partial G}{\partial p} = \frac{\partial G}{\partial \sigma} \frac{\partial \sigma}{\partial p}$$
$$= \frac{\partial G}{\partial \sigma} \log\left(\frac{1+b}{1-b}\right) \frac{n - 2np}{2\sqrt{np(1-p)}}$$

です．式 (10.1) より，積分の上端である σ が増加すればジニ係数も増加するので，$\frac{\partial G}{\partial \sigma}$ は正です．残りの項の符号は $p \in (0, 1), b \in (0, 1)$ という条件から $n - 2np$ の正負で決まります．ゆえに $p < \frac{1}{2}$ なら

$$\frac{\partial G}{\partial p} > 0$$

です．この偏導関数が極値をとる条件を調べると

$$\frac{\partial G}{\partial p} = 0 \iff n - 2np = 0$$

なので，$p = 0.5$ で極大値をとることがわかります．

また b に関しても同様に合成関数の微分を使うと

$$\frac{\partial G}{\partial b} = \frac{\partial G}{\partial \sigma}\frac{\partial \sigma}{\partial b}$$
$$= \frac{\partial G}{\partial \sigma}\sqrt{np(1-p)}\frac{2}{1-b^2} > 0$$

です．明らかに 2 回偏導関数も正なので，ジニ係数は b に関して増加であることがわかります．　　　　　　　　　　　　　　　　　　　　□

この理論的な命題と，推定結果を組み合わせて，新たな知見を導出しましょう．p の事後分布の平均は 0.92，b の事後分布の平均は 0.50 でした．パラメータの変化をこの近辺で考えると，ジニ係数の観点からいえば，資本獲得確率 p が増加すれば，不平等度は減少し，逆に p が減少すれば，不平等度は増加します．このことの含意は次のとおりです．

社会全体での資本獲得確率 p を増加させる政策の 1 つとして，たとえば公教育の充実を考えることができます．公教育への投資の充実によって，各個人の人的資本獲得確率が上昇すれば，平均所得が増加し，なおかつ不平等度も低下することが予想されます．一方で利益率に関しては，現在の水準から上昇すると，少なくとも不平等度は悪化します．したがって，この理論モデルが現実の近似として正しいとするならば，人的資本獲得確率 p だけを上昇させることができれば，経済的発展と不平等改善が同時に成立することがわかります．

このように，理論モデルを使って分析すると，線形回帰モデルでは得られないインプリケーションを導出することができます．そしてこのことは，現象の理解に新しい光をもたらします．トイモデル（理論モデル）と統計モデルの接続は，数理社会学者にとって長い間の理論的な課題でした．ベイズモデリングとその実装環境の発展により，近年になってその接続がようやく実現可能となったことは，強調しておくべきことでしょう．

第 11 章

収入評価の単純比較モデル

11.1　他者との比較メカニズム

　第 10 章では，所得分布の生成メカニズムを検討しました．次に，私たち
は自分の収入をどのように評価しており，また，その評価はどのように形成
されるかを考えてみましょう．

　ここで，私たちが注目するのは「他人との比較による評価の形成」という
メカニズムです．他人との比較は，収入に限らず，人が社会についてのイ
メージを形成し，そのなかで自らのポジションを知る際に重要です．

　たとえば，経済学者のイースタリンは，国レベルで幸福と所得には弱い
関連しか見られないこと，また，国レベルの経済発展による所得の増加は
平均的な幸福の増加をもたらさないことを発見しました (Easterlin 1974,
1995)[1]．イースタリンは，このようなパラドキシカルな関係の背後にある
メカニズムとして，所得の絶対レベルよりも，他者との比較による「相対所
得」が人々の幸福感を強く規定することを指摘しています．

　また，数理社会学者のファラロと髙坂は，社会階層の構成についての階層
イメージと，自分がどの階層に属しているかという階層帰属意識が，他者と
の比較のなかでバイアスをともなって形成される過程を数理モデルで表現し
ました (Fararo & Kosaka 2003; 髙坂 2006)．

　本章では，収入評価の形成メカニズムとして，単純な他者比較のメカニズ

---

　[1] このような幸福と所得についてのパラドキシカルな関係は，「イースタリン・パラドック
　ス」と呼ばれ，実証的・理論的に多くの研究が続いています (Frey 2008＝2012)．

ムを組み込んだトイモデルを構成し，その上で観察された収入評価の分布をベイズ統計モデリングによって説明したいと思います．

11.2 収入評価分布

本章では 2015 年 SSP 調査データを用います．まず，収入分布を確認しましょう．過去 1 年間の個人収入[*2]のヒストグラムを図 11.1 で確認します．図中の実線は，パラメータを最尤推定した対数正規分布の確率密度関数で

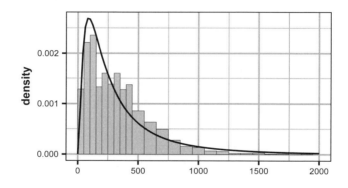

図 11.1 個人収入の客観分布（SSP2015 データ，実線は推定された対数正規分布）

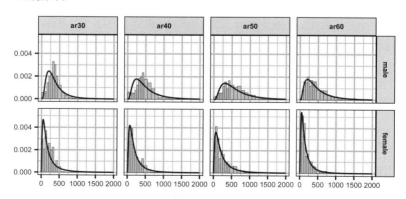

図 11.2 性別・年齢階層ごとの個人収入の客観分布（SSP2015 データ，実線は推定された対数正規分布）

[*2] ただし，以下の分析では収入なしのケースと 1 億円以上のケースを除外しています．

す．ここでも，収入分布は対数正規分布にうまく近似できることが確認できます．また，図 11.2 は，サンプルを性別と年齢（ar30: 25～34 歳，ar40: 35～44 歳，ar50: 45～54 歳，ar60: 55～64 歳）によって分けた場合の収入分布を表しています．

次に，各個人が自分自身の収入をどのように評価しているのかを見てみましょう．収入についての評価は，以下のような質問で尋ねられています．

> 「収入について，現代日本社会おける最高の水準を 1，最低の水準を 10 とすると，現在のあなたご自身はどのくらいにあたると思われますか」

以下，分析にあたっては，分析の便宜上，最高の水準を 10，最低の水準を 1 とリコードしています．図 11.3 は収入評価の全体のヒストグラム，図 11.4 は属性カテゴリごとのヒストグラムです．収入分布が正の歪度をもつ

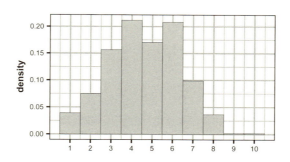

図 11.3 収入評価の分布（SSP2015 データ）

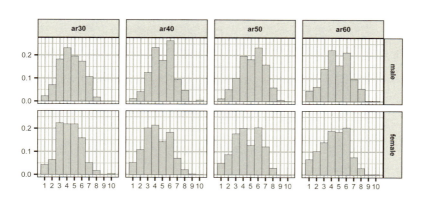

図 11.4 性別・年齢階層ごとの収入評価の分布（SSP2015 データ）

対数正規分布によく近似していたのに対して，収入評価は，真ん中の 4 から 6 あたりに回答が集まっていることがわかります．

11.3　単純比較モデル

11.3.1　ベースライン・メカニズム

では，私たちはどのようにして自らの相対的地位を評価するのでしょうか．ここでは，ベースラインとなるもっとも単純なメカニズムとして次のことを仮定します．

1. 人はある次元（たとえば収入）での自らの相対的地位を評価する際に，ランダムに出会う他者との比較を行う．
2. その際，自分が他者よりも，その次元において上か下かを判断する．
3. 他者よりも自分が上になる（自分より下となる他者に出会う）回数が多ければ多いほど，自らの相対的地位を高く評価する．
4. 具体的な評価の際には，直近の出会いから評価を構成する．

これらの仮定をトイモデルに落とし込むと，次のようになるでしょう．

ある評価次元の分布の密度関数を $f(x)$，分布関数を $F(x)$ とします．また，ランダムに出会う他者の値を確率変数 Z で表します．このとき，x の値をもつ個人が自分より下の値 Z をもつ他者とランダムに出会う確率は

$$P(Z \leq x) = F(x)$$

となります．ランダムな出会いを m 回繰り返したとき，他者よりも自分が上になる回数を Y とすると，Y は試行回数 m，確率 $F(x)$ の 2 項分布に従うでしょう．つまり，

$$Y \sim \mathrm{Binomial}(m, F(x)).$$

具体的な評価に際しては，人々は，評価尺度の尺度水準の数 s に合わせた直近の出会いの回数 $s-1$ から評価を構成すると考えます[3].

----

[3] この仮定は，単純化のための便宜的な仮定という意味合いが強いものです．より厳密なモデルとしては，出会いによって構成される潜在的な評価が，具体的な測定方法に合わせた形で現れていると考えられます．ここでは，単純さを最優先したモデルで話を進めていきます．

11.3.2 収入評価のトイモデル

第10章で見たように，収入は対数正規分布 Lognormal(μ, σ) に従うと仮定できます．対数正規分布に従う収入分布の分布関数を $F_\Lambda(x|\mu, \sigma)$ とします．このとき，x の値をもつ個人が自分より下の値 Z をもつ他者とランダムに出会う確率は，

$$P(Z \leq x) = F_\Lambda(x|\mu, \sigma) = F_\Phi\left(\frac{\log x - \mu}{\sigma}\right)$$

です．ただし，F_Φ は標準正規分布 Normal$(0, 1)$ の分布関数です．

ランダムな出会いを m 回繰り返したとき，他者よりも自分が上になる回数を確率変数 Y とすると，Y は試行回数 m，確率 $F_\Lambda(x|\mu, \sigma)$ の2項分布に従います．すなわち，

$$Y \sim \text{Binomial}(m, F_\Lambda(x|\mu, \sigma))$$

です．SSP調査における収入の具体的な評価に際しては，10件法の評価尺度に合わせて，直近の9回出会いから評価を構成すると仮定します．

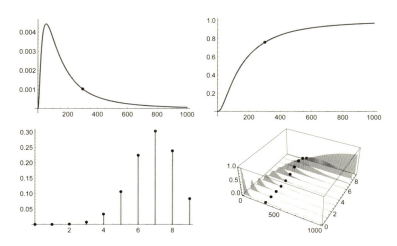

図 11.5 収入評価のトイモデルにおける対数正規分布 Lognormal$(5, 1)$ の密度関数（左上），分布関数 $F_\Lambda(x|5, 1)$（右上），評価の2項分布 Binomial$(9, F_\Lambda(300|5, 1))$（左下），収入を0から1000まで変化させたときの評価の2項分布の変化，黒点の列は $x = 300$ のときの評価の2項分布であり，その断面は Binomial$(9, F_\Lambda(300|5, 1))$ に一致する（右下）．

図 11.5 は，収入評価についてのトイモデルにおける対数正規分布の密度関数と分布関数，そして分布関数に規定される 2 項分布の関連を示しています．ここでは，対数正規分布のパラメータとして $\mu = 5$, $\sigma = 1$, 収入として $x = 300$ を仮定しています．

11.3.3　トイモデルからの導出

では，このトイモデルからどのような評価分布の予測が導出できるでしょうか．

ここで，$\pi = F(x)$ とおくと，2 項分布 Binomial(m, π) における Y の確率質量関数は

$$\text{Binomial}(y|m, \pi) = {}_mC_y\pi^y(1 - \pi)^{m-y}$$

です．ここで，$\pi = F(x)$ は個人の評価次元の値を示す確率変数 X の関数ですので，π も確率変数であり，その確率密度関数 $\varphi(\pi)$ は，変数変換の定理（小針 1973: 49）より，x の確率密度関数を $f(x)$ で表すと，

$$\varphi(\pi) = f(x)\frac{dx}{d\pi} = f(x)\frac{1}{f(x)} = 1$$

となり，区間 [0,1] 上での一様分布となります．ゆえに，確率変数 Y と π の同時確率関数は，

$$p(y, \pi) = \text{Binomial}(y|m, \pi)\varphi(\pi) = \text{Binomial}(y|m, \pi)$$

となります．そこで，これを π で周辺化した y の確率関数 $p(y)$ を求めると，

$$\begin{aligned}
p(y) &= \int_0^1 \text{Binomial}(y|m, \pi)d\pi \\
&= \int_0^1 {}_mC_y\pi^y(1 - \pi)^{m-y}d\pi \\
&= {}_mC_y \int_0^1 \pi^{y+1-1}(1 - \pi)^{m-y+1-1}d\pi \\
&= {}_mC_y\text{B}(y + 1, m - y + 1)
\end{aligned}$$

となります．ただし，B(a, b) はベータ関数です．

さらに，$y + 1, m - y + 1$ はともに整数なので，ベータ関数の公式より，

$$p(y) = {}_mC_yB(y + 1, m - y + 1)$$

$$= \frac{m!}{y!(m-y)!} \frac{y!(m-y)!}{(m+1)!} = \frac{1}{m+1}$$

となります．これはベータ2項分布の特殊型です（83ページ参照）．

社会全体の収入評価についていえば，トイモデルからは $p(y) = 10^{-1}$ の一様分布が導かれます．しかし，実際の収入評価の分布は図 11.3 のように，一様分布からはほど遠い分布となっています．

そこで以下では，収入分布上の位置を正確に反映するトイモデルの予測を参照点として，実際の観測データにどのような隔たりが見られるのか，また，そこにどのような規則性が見られるのか，さらには，カテゴリごとの傾向の違いが見られるのかを，ベイズ統計モデリングによって分析していきます．

11.4　ベイズ統計モデリング

11.4.1　ヌルモデル

最初に，収入と収入評価の間の関連を仮定しないモデルを考えます．このモデルをヌルモデル (null model) と呼びます．

$$Y_i \sim \text{Binomial}(9, \pi)$$
$$\pi = \text{logistic}(a)$$
$$a \sim \text{Uniform}(-\infty, \infty)$$
$$X_i \sim \text{Lognormal}(\mu, \sigma)$$
$$\mu \sim \text{Uniform}(0, 8), \qquad \sigma \sim \text{Uniform}(0, \infty)$$

個人 i の収入評価 Y_i は2項分布からサンプリングされたとみなしています．2項分布の確率パラメータ π は，a を引数とするロジスティック関数（ロジット関数の逆関数）

$$\text{logistic}(x) = \frac{1}{1 + \exp(-x)}$$

によって規定されると仮定します．これは，あとのモデル拡張のための仮定になります．また，各個人の収入 X_i は対数正規分布からサンプリングされたとみなしています．対数正規分布のパラメータ μ の事前分布については，

経験的にとりうる範囲に限定しています[*4]．また，ここでは，収入と収入評価の間の関連は想定されません．

Stan への実装は以下のとおりです[*5]．

```
1   data {
2       int<lower=0> N ;
3       int<lower=0,upper=9> Y[N] ;
4       real<lower=0> X[N] ;
5   }
6
7   parameters {
8       real a;
9       real<lower=0,upper=8> mu ;
10      real<lower=0> sigma ;
11  }
12
13  transformed parameters {
14      real<lower=0,upper=1> pi ;
15      pi = inv_logit(a) ;
16  }
17
18  model {
19      for( n in 1 : N ) {
20          target += binomial_lpmf(Y[n] | 9, pi);
21          target += lognormal_lpdf(X[n] | mu, sigma) ;
22      }
23  }
```

バーンイン期間を 1000，バーンインを除いたサンプリングを 5000 のチェーンを 4 本回して，それぞれのパラメータの事後分布を推定します．

ここでは，簡単に各パラメータの事後分布の平均（EAP 推定値）と 95% 信頼区間，そして収束判断の基準として $\hat{R}$ を報告します（表 11.1）．また，bridgesampling パッケージを用いて自由エネルギー（対数周辺尤度の符号反転）の推定値を算出したところ $F_n(\text{null}) = 23963.5$ となりました．

[*4] 対数正規分布の中央値は $\exp\{\mu\}$ です．$\exp\{8\} \approx 2980$ であり，経験的にこれ以上大きい中央値を想定するのは現実的ではありません．

[*5] ここでは，のちに bridgesampling パッケージを用いて対数周辺尤度を算出するために，ターゲット記法でモデルを書いています．

表 11.1 ヌルモデルの推定結果

	平均	2.50%	97.50%	$\hat{R}$
a	-0.393	-0.419	-0.367	1.000
π	0.403	0.397	0.409	1.000
μ	5.497	5.458	5.535	1.000
σ	1.014	0.987	1.041	1.000

11.4.2 線形バイアスモデル

次に，収入分布上の位置と 2 項分布のパラメータの間に理論的な関係を想定したモデルを考えます.

ここでは，トイモデルが導出する $\pi = F_\Lambda(x|\mu, \sigma)$ という関係を基準として，そこからの偏差をパラメータとして表現することを考えます. そのために，まずロジット関数

$$\mathrm{logit}(p) = \log \frac{p}{1-p}$$

で，収入分布の分布関数の値（つまり，自分より下の人に出会う確率）$p = F_\Lambda(x|\mu, \sigma)$ を $(-\infty, \infty)$ の範囲に変換します. 次に，これをパラメータ a, b によってさらに線形変換し，$a + b \times \mathrm{logit}(p)$ とします. 最後に，これをロジスティック関数によって 2 項分布の確率パラメータ π に対応させる対応関係を想定します. つまり，

$$\pi = \mathrm{logistic}(a + b \times \mathrm{logit}(p))$$
$$= \frac{1}{1 + \exp\left(-a - b\log\left(\frac{F_\Lambda(x|\mu,\sigma)}{1-F_\Lambda(x|\mu,\sigma)}\right)\right)}.$$

ここで，$a = 0$, $b = 1$ のとき，$\pi = p = F_\Lambda(x|\mu, \sigma)$ となります.

a は切片項ですので，基本的な π のレベルを規定します.

b は分布関数の値 p を π に写す際の傾きを規定します. $0 < b < 1$ のとき，p と π の関係は単調増加の関係にあるものの，理論的な想定よりもゆるやかになり，収入分布上の位置 p にかかわらず 2 項分布の確率パラメータ π はあまり変化しないということになります. 逆に，$b > 1$ のとき，p と π の

増加関係は，理論的な想定よりも急なものになるので，収入分布上の位置の変化が π の変化により強く反映されます．

図 11.6 は $a = 0$ とおいたときの $p = F_\Lambda(x|\mu, \sigma)$ と π の理論的関係，図 11.7 はある収入分布の下での収入 x と π の理論的関係を示しています．

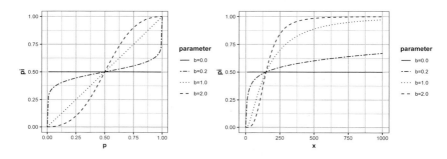

図 11.6 線形バイアスモデルの $p = F_\Lambda$ と π の理論的関係 $(a = 0)$

図 11.7 線形バイアスモデルの x と π の理論的関係 $(a = 0, \text{Lognormal}(5, 1))$

理論的導出を前提に，a の事前分布は 0 を中心にした正規分布，b の事前分布は 1 を中心にした正規分布を仮定します．

まとめると，線形バイアスモデルでは以下のように仮定します．

$$Y_i \sim \text{Binomial}(9, \pi_i)$$
$$\pi_i = \text{logistic}(a + b \times \text{logit}(F_\Lambda(X_i|\mu, \sigma)))$$
$$a \sim \text{Normal}(0, 10^2), \qquad b \sim \text{Normal}(1, 10^2)$$
$$X_i \sim \text{Lognormal}(\mu, \sigma)$$
$$\mu \sim \text{Uniform}(0, 8), \qquad \sigma \sim \text{Uniform}(0, \infty)$$

Stan への実装は以下のとおりです．サンプリングの設定は先ほどのヌルモデルと同じです．

```
data {
    int<lower=0> N ;
    int<lower=0,upper=9> Y[N] ;
    real<lower=0> X[N] ;
}

parameters {
    real a;
    real b;
```

```
10      real<lower=0,upper=8> mu ;
11      real<lower=0> sigma ;
12  }
13
14  transformed parameters {
15      real<lower=0,upper=1> pi[N] ;
16      for(n in 1 : N) {
17          pi[n] = inv_logit(a + b*logit(lognormal_cdf(X[n],mu,sigma
                    ))) ;
18      }
19  }
20
21  model {
22      for( n in 1 : N ) {
23          target += binomial_lpmf(Y[n] | 9, pi[n]);
24          target += lognormal_lpdf(X[n] | mu, sigma) ;
25      }
26      target += normal_lpdf(a | 0, 10^2) ;
27      target += normal_lpdf(b | 1, 10^2) ;
28  }
```

以下に結果を示しましょう．表 11.2 は，線形バイアスモデルの各パラメータの推定結果です．自由エネルギーは $F_n(\text{bias}) = 23670.3$ で，ヌルモデルと線形バイアスモデルの周辺尤度の対数比（対数ベイズファクター）は，

$$\log \mathrm{BF}(\text{bias}, \text{null}) = F_n(\text{null}) - F_n(\text{bias}) = 293.27$$

となるので，線形バイアスモデルは，ヌルモデルに対して，データへのより高いあてはまりを示していることがわかります．

表 11.2 線形バイアスモデルの推定結果

	平均	2.50%	97.50%	$\hat{R}$
a	-0.404	-0.433	-0.376	1.000
b	0.187	0.170	0.204	1.000
μ	5.476	5.437	5.514	1.000
σ	1.023	0.996	1.051	1.000

図 11.8 は，推定結果をもとにした $p = F_\Lambda(x|\mu, \sigma)$ と π の関係を示しています．実線は事後分布の中央値，グレー部分は 95% 信頼区間を表しています．また，図中の点線はトイモデルからの理論的な導出，つまり $\pi = p$ の線です．また，図 11.9 は，推定された収入 x と π の関係です．点線は，トイ

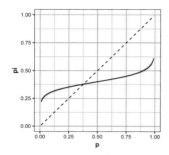
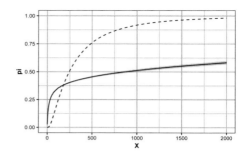

図 11.8 線形バイアスモデルにおける $p = F_\Lambda$ と π の関係

図 11.9 線形バイアスモデルにおける x と π の関係

モデルの予想として，収入分布について最尤推定された対数正規分布の分布関数を示しています．

図 11.8 ならびに図 11.9 より，次のような傾向が確認できるでしょう．まず，収入レベルが上がるにつれて，π は単調に増加します．しかし，収入レベルが低いグループ（だいたい $p = 0.378$, $x = 237.15$ 以下）で「自分より下と出会う確率」を理論値よりも過大評価，逆に，収入レベルが中位もしくは高いグループ（だいたい $p = 0.378$, $x = 237.15$ 以上）で「自分より下と出会う確率」を理論値よりも過小評価していることがわかります．ここから，低収入階級では「上をあまり見ない」，中高収入階級で「下をあまり見ない」傾向が示唆されます．1つの可能性として，これは，自分と収入レベルが近い人たちを「準拠集団」として比較の対象とし，収入レベルが遠い人たちを見ないことで生じるバイアスかもしれません[*6]．

11.4.3 階層モデル

最後に，収入レベルと収入評価の関連が，属性（性別 × 年齢階層）ごとにどのように異なるかを，階層ベイズモデルを用いて確認します．

階層モデルでは，a, b が属性ごとに異なる値をとること，それぞれの属性 j の a_j は共通の正規分布 Normal(a_0, σ_a) に，b_j は Normal(b_0, σ_b) に従う

[*6] さらにいえば，収入レベルが遠い人を見ない傾向のなかでも，自分より上を見ない傾向よりも，下を見ない傾向の方が強いのかもしれません．いずれにせよ，これらの知見は，さらなるモデルの改良のヒントを与えてくれます．

11.4 ベイズ統計モデリング 191

ことを仮定します．共通の正規分布のパラメータは，それぞれ事前分布をも
ちます．このことは，ある程度共通のメカニズムによって，収入と収入評価
の関係が決まっていること，関係の決まり方に属性による多少の違いはあ
るが，基本を大きく外れるものではないことを想定していると考えられま
す[*7]．

一方，対数正規分布のパラメータ μ_j, σ_j も属性ごとに異なることを許容し
ますが，共通の分布は仮定しません．

以上のことを，モデル式として表現すると次のようになります．ここで
$j(i)$ は，個人 i の属する属性カテゴリ j を示します．

$$Y_i \sim \text{Binomial}(9, \pi_i)$$
$$\pi_i = \text{logistic}(a_{j(i)} + b_{j(i)} \times \text{logit}(F_\Lambda(X_i | \mu_{j(i)}, \sigma_{j(i)})))$$
$$a_j \sim \text{Normal}(a_0, \sigma_a), \qquad b_j \sim \text{Normal}(b_0, \sigma_b)$$
$$a_0 \sim \text{Normal}(0, 10^2), \qquad \sigma_a \sim \text{Uniform}(0, \infty)$$
$$b_0 \sim \text{Normal}(1, 10^2), \qquad \sigma_b \sim \text{Uniform}(0, \infty)$$
$$X_i \sim \text{Lognormal}(\mu_{j(i)}, \sigma_{j(i)})$$
$$\mu_j \sim \text{Uniform}(0, 8), \qquad \sigma_j \sim \text{Uniform}(0, \infty)$$

Stan コードは以下のとおりです．サンプリングの設定はこれまでのモデ
ルと同じです．

```
data {
    int<lower=0> N ;
    int<lower=0,upper=9> Y[N] ;
    real<lower=0> X[N] ;
    int<lower=0> K ;
    int<lower=1,upper=K> Z[N] ;
}

parameters {
    real a0 ;
    real b0 ;
    real a[K] ;
    real b[K] ;
    real<lower=0> s_a ;
```

[*7] 発展的には，その違いを生み出すメカニズムそのものを確率モデルに組み込む必要があ
るでしょう．ここでは，単純な例示を優先して，共通の正規分布を仮定した階層モデル
を導入します．

```
15    real<lower=0> s_b ;
16    real<lower=0,upper=8> mu[K] ;
17    real<lower=0> sigma[K] ;
18 }
19
20 transformed parameters {
21    real<lower=0,upper=1> pi[N] ;
22    for(n in 1 : N) {
23        pi[n] = inv_logit(a[Z[n]] + b[Z[n]]*logit(lognormal_cdf(X[n
              ],mu[Z[n]],sigma[Z[n]]))) ;
24    }
25 }
26
27 model {
28    for( k in 1 : K ) {
29        target += normal_lpdf(a[k] | a0, s_a) ;
30        target += normal_lpdf(b[k] | b0, s_b) ;
31    }
32    for( n in 1 : N ) {
33        target += binomial_lpmf(Y[n] | 9, pi[n]) ;
34        target += lognormal_lpdf(X[n] | mu[Z[n]],sigma[Z[n]]) ;
35    }
36    target += normal_lpdf(a0 | 0, 10^2) ;
37    target += normal_lpdf(b0 | 1, 10^2) ;
38 }
```

　以下に結果を示しましょう．パラメータの推定結果の表は，ここでは省略
します．自由エネルギーは $F_n(\text{hierarchical}) = 23162.0$ です．線形バイアス
モデルと階層モデルの対数ベイズファクターは，

$$\log \text{BF}(\text{hierarchical}, \text{bias}) = F_n(\text{bias}) - F_n(\text{hierarchical}) = 508.24$$

となるので，階層モデルは線形バイアスモデルよりも，さらに高いあてはま
りを示しています．

　図 11.10 は，属性カテゴリごとの推定結果をもとにした $p = F_\Lambda(x|\mu,\sigma)$ と
π の関係を示しています．実線は事後分布の中央値，グレー部分は 95% 信
頼区間を表しています．また，図 11.11 は，属性カテゴリごとの推定結果を
もとにした収入 x と π の関係を示しています．

　ここから，次のようなおおまかな傾向が読み取れるでしょう．まず，男性
よりも女性の方が基本的な評価水準が低く（a が小さく），収入レベルと評価
水準の関連が弱い（b が 0 に近い）傾向が見られます．さらに，男性のなか

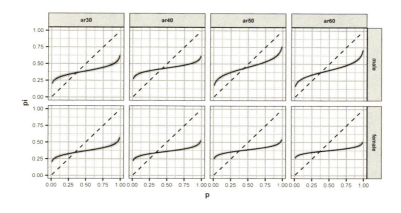

図 11.10 階層モデルにおける $p = F_\Lambda$ と π の関係

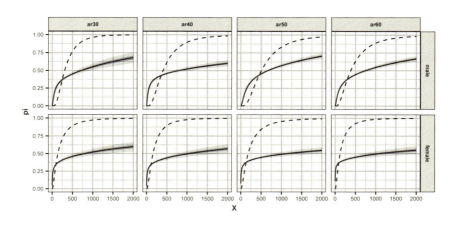

図 11.11 階層モデルにおける x と π の関係

でも 50 歳代前後でもっとも収入レベルと評価水準の関連が強くなり，トイモデルの予測に近づきます．このことは，この年代の男性は収入評価に際して，より正確に収入分布上の自分の位置を認識して，それを評価に反映させていることを示唆しています．いってみれば，50 歳代前後の男性は一番収入を気にしており，評価に際して周りを気にしているのかもしれません[8]．

---

[8] もちろん，こうした解釈は「私たちが想定したモデルが真の分布をよく近似している」という仮定の下でのみ成立することに注意します．

ここまで，「他人との比較による評価の形成」メカニズムに注目して，トイモデルを構成し，ベイズ統計モデリングによる分析を行ってきました．

モデルとしては，切片のみのヌルモデル，収入レベルと収入評価のバイアスのかかった関係を許容した線形バイアスモデル，性別 × 年齢階層の属性カテゴリごとの関連を見る階層モデルを検討しました．結果として，階層モデルが自由エネルギーの意味でもっともデータへのあてはまりがよく，また属性ごとの関連の違いも見られました．

ここまでの分析で，収入レベルと収入評価の間の関連についてある程度理解が深まりました．ただし，ここでは最も単純なモデルから出発したので，今後の発展的な研究では，ある種のバイアスの生じ方を統一的に説明するようなモデルを考えていく必要があるでしょう．

第 12 章

教育達成の不平等
相対リスク回避仮説のベイズモデリング

　第 10 章，第 11 章では所得分布の生成および，その主観的イメージをモデル化しました．人々は学校教育や職場での訓練を経て，より高度な技能を身につけます．そのことが労働生産性を高め，結果として高い所得を獲得するというプロセスが所得分布形成の基本的なメカニズムでした．

　人的資本の累積的な獲得にとって，もっとも重要な要因の 1 つが学校教育です．本章では高度な学校教育，たとえば大学に進学するかどうかという意思決定の問題を考えます．文部科学省の学校基本調査によれば，2018 年度の大学・短期大学進学率（現役）は 54.8%（大学（学部）進学率は 49.7%）であり，この数値は過去最高値に達しました[*1]．現在の日本では，大学に進学可能な人々のうち，おおよそ半分以上が大学に進学していることがわかります．

　では大学に行く人と行かない人の間にはどのような違いがあるのでしょうか．社会学の研究によれば，親の階層（子供から観た場合には出身階層と呼ばれます）が高い人ほど，大学への進学割合が高いことが知られています．階層が高いとは，所得が高い，学歴が高い，職業威信が高い，などを意味します．直感的にいえば，社会的に地位が高いことです．そのような家庭に

[*1] 進学率の定義は (大学の学部, 短期大学の本科, 大学・短期大学の通信教育部, 同別科及び高等学校・特別支援学校高等部の専攻科に進学した者)/(3 月の高等学校卒業者及び中等教育学校後期課程卒業者) です.

育った子供ほど，大学に進学しやすいことが過去の統計データから判明しています[2]．この事実は日本だけでなく，ヨーロッパ諸国やアメリカでも成り立ちますが，教育機会の拡大とともに，出身階層の影響は徐々に弱まっていくこともまた最近の研究でわかってきました．

12.1 教育機会の拡大と階層間格差

ブリーンらは，ヨーロッパの主要な国の統計を過去50年間調べ，教育達成の階層間格差は，教育機会の拡大により縮小しつつあることを示しました (Breen et al. 2009)．つまり長期的に見れば，教育に関する階層間格差は縮小しつつあるのです．ではいかなる条件の下で，教育の階層間格差は増加・減少するのでしょうか．

フランスの社会学者レイモン・ブードンは，出身階層間の教育達成格差を説明するために **IEO モデル**（Inequality of Educational Opportunity Model）を定式化しました (Boudon 1973=1983)．ブードンのモデルは数値計算による分析が主体で，一般性はそれほど高くはありませんでしたが，進学率が増加すれば出身階層間の進学率格差は減少することを示しました (Fararo & Kosaka 1976)．

のちに，ブリーンとゴールドソープはブードンのモデルを合理的選択モデルとして再定式化しました (Breen & Goldthorpe 1997)．ブードンのモデルが主に注目していたのは，「出身階層が高い子供ほど学業成績がよい」という関係でした．これは1次効果と呼ばれています．ブリーンとゴールドソープは1次効果だけでは説明しきれない不平等があると考え，これを2次効果と呼びました．2次効果とは「成績が同程度でも，より高い教育段階へのアスピレーションが出身階層によって異なる」傾向を意味しています．つまり教育達成の不平等は，単に子供の学力という客観的な要素だけで決まるのではなく，教育を受けたいという子供（受けさせたいという親）の意欲にも依存すると考えたのです．

ブリーンとゴールドソープの考案したモデルは，ブードンの IEO モデル

---

[2] たとえば日本に関していえば，1942年以前の出生コーホートから1968〜1980年出生コーホートまで，親の学歴が高いほど子供の学歴も高いという傾向が見られます (Ishida 2007)．

の発展形として，階層の多元的な機能に注目しつつ出身階層間の進学行動の違いの説明を試みています (荒牧 2016: 110)．彼らは，**相対リスク回避仮説**（relative risk aversion hypothesis）を単純なトイモデルによって表現し，多くの発展的研究を生み出す基礎を提供しました．

本章では，相対リスク回避仮説をベイズモデル化する方法を示し，データとの対応を試みます．

12.2 相対リスク回避モデルの仮定

ブリーンとゴールドソープのモデル（以下 **BG モデル**）は以下の基本仮定から構成されます．

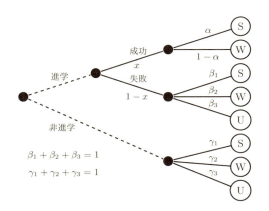

図 12.1 相対リスク回避モデルの樹形図 (Breen & Goldthorpe 1997)

1. 選択肢は「進学する」「進学しない」の 2 種類である．
2. 進学後の成功確率は x，失敗する確率は $1-x$ である．x は個人によって異なる．
3. 結果的に到達するクラスは S（サービス），W（ワーキング），U（アンダー）の 3 種類である[*3]．各職業への到達確率は図 12.1 のとおり

[*3] BG モデルにおけるサービスクラス S は，専門職や管理職などの上層ホワイトカラーを意味します．ワーキングクラス W はブルーカラー職，アンダークラス U は非正規雇用などの不安定職におおむね対応します．

である.

4. 子供は親の階層よりも下の階層に到達するリスクを避けて，進学する
   か否かを決定する.

図 12.1 は確率モデルの樹形図です．進学して成功した場合は確率 α で
サービスクラスに到達し，$1-\alpha$ でワーキングクラスに到達します．進学し
て成功した場合はアンダークラスに到達することはありません．一方，進
学後に失敗する（たとえば卒業できずにドロップアウトする）とそれぞれ
$\beta_1, \beta_2, \beta_3$ の確率で，サービス，ワーキング，アンダークラスに到達します．
進学しなかった場合は到達確率が $\gamma_1, \gamma_2, \gamma_3$ に変わります．

各職業クラスに到達した場合に得る効用を

$$u(S), u(W), u(U)$$

と定義します．各クラスへの到達は確率的に変動するので，進学した場合の
効用の期待値は

$$\begin{aligned}
\mathbb{E}_{\text{stay}}[u] = {} & x\{\alpha u(S) + (1-\alpha)u(W)\} + \\
& (1-x)\{\beta_1 u(S) + \beta_2 u(W) + \beta_3 u(U)\}
\end{aligned}$$

です．また進学しなかった場合の期待効用は

$$\mathbb{E}_{\text{leave}}[u] = \gamma_1 u(S) + \gamma_2 u(W) + \gamma_3 u(U)$$

です．進学するかどうかの意思決定は，この 2 つの期待効用の比較によって
決まります．もし

$$\mathbb{E}_{\text{stay}}[u] > \mathbb{E}_{\text{leave}}[u]$$

なら進学すると仮定します．逆に

$$\mathbb{E}_{\text{stay}}[u] \leq \mathbb{E}_{\text{leave}}[u]$$

なら進学しないと仮定します．

次に，仮定 3 によれば，子供は出身階層よりも下の階層への到達を避ける
傾向をもっています．

たとえばサービスクラス出身の子供は,《サービスクラスより下は避けたい》という選好をもっているので,

$$u_s(S) > u_s(W) = u_s(U)$$

という効用 u_s をもっていると考えられます（以下,サービスクラス出身の子供の効用を u_s で表します）.この意味は,サービスクラス出身の子供にとっては,ワーキングクラスとアンダークラスは無差別ですが,サービスクラスは他のクラスよりも望ましいことを意味します.

同様に,ワーキングクラス出身の子供は,《ワーキングクラスより下は避けたい》という選好をもっているので,

$$u_w(S) = u_w(W) > u_w(U)$$

という効用 u_w をもっていると考えられます（以下,サービスクラス出身の子供の効用を u_w で表します）.この意味は,サービスクラスとワーキングクラスは無差別ですが,アンダークラスは他のクラスよりも（ワーキングクラス出身の子供にとっては）望ましくないことを意味します.

先行研究にならい,単純化のために,以上の条件を満たす効用として

$$u_s(S) = 1, \quad u_s(W) = 0, \quad u_s(U) = 0$$
$$u_w(S) = 1, \quad u_w(W) = 1, \quad u_w(U) = 0$$

を仮定します（Breen & Yaish 2006）.この仮定の意味は

S クラス出身者 S クラスに到達する効用が 1,それ以外は 0

W クラス出身者 S or W クラスに到達する効用が 1,それ以外は 0

です.

上記の仮定の下で,サービスクラス出身の子供が進学する条件を検討してみましょう.進学するための条件は

$$\mathbb{E}_{\text{stay}}[u] > \mathbb{E}_{\text{leave}}[u]$$

が成立することでした.よって $u_s(S) = 1$, $u_s(W) = 0$, $u_s(U) = 0$ を代入すれば

$$\mathbb{E}_{\text{stay}}[u] = x\{\alpha u_s(S) + (1 - \alpha)u_s(W)\} +$$

$$(1-x)\{\beta_1 u_s(S) + \beta_2 u_s(W) + \beta_3 u_s(U)\}$$
$$= x\{\alpha \cdot 1 + (1-\alpha) \cdot 0\} + (1-x)\{\beta_1 \cdot 1 + \beta_2 \cdot 0 + \beta_3 \cdot 0\}$$
$$= \alpha x + (1-x)\beta_1$$
$$\mathbb{E}_{\text{leave}}[u] = \gamma_1 u_s(S) + \gamma_2 u_s(W) + \gamma_3 u_s(U)$$
$$= \gamma_1 \cdot 1 + \gamma_2 \cdot 0 + \gamma_3 \cdot 0 = \gamma_1$$

よって

$$\mathbb{E}_{\text{stay}}[u] > \mathbb{E}_{\text{leave}}[u]$$
$$\alpha x + (1-x)\beta_1 > \gamma_1$$

です．この不等式が成立する場合に，進学します．ここで仮定 2 より x は個人間で異なるため，個人によってその実現値が異なるような確率変数 X として表すことができます．すると不等式 $\alpha X + (1-X)\beta_1 > \gamma_1$ が成立する確率は

$$P(\alpha X + (1-X)\beta_1 > \gamma_1)$$
$$= P\left(\frac{\alpha - \beta_1}{\gamma_1} X + \frac{\beta_1}{\gamma_1} > 1\right)$$
$$= 1 - P\left(\frac{\alpha - \beta_1}{\gamma_1} X + \frac{\beta_1}{\gamma_1} \leq 1\right)$$
$$= 1 - P\left(X \leq \frac{\gamma_1 - \beta_1}{\alpha - \beta_1}\right)$$
$$= 1 - F\left(\frac{\gamma_1 - \beta_1}{\alpha - \beta_1}\right)$$

です．これは《S クラス出身者が進学する確率》です．なお最後の変形では $P(X \leq a) = F(a)$ を使い分布関数 F に置きかえています．同様の手順で，W クラス出身者の進学する確率を計算してみましょう．期待効用 $u_w(S) = 1, u_w(W) = 1, u_w(U) = 0$ をそれぞれ代入すると

$$\mathbb{E}_{\text{stay}}[u] = x\{\alpha u_w(S) + (1-\alpha)u_w(W)\} +$$
$$(1-x)\{\beta_1 u_w(S) + \beta_2 u_w(W) + \beta_3 u_w(U)\}$$
$$= x\{\alpha \cdot 1 + (1-\alpha) \cdot 1\} + (1-x)\{\beta_1 \cdot 1 + \beta_2 \cdot 1 + \beta_3 \cdot 0\}$$
$$= x + (1-x)(\beta_1 + \beta_2)$$
$$\mathbb{E}_{\text{leave}}[u] = \gamma_1 u_w(S) + \gamma_2 u_w(W) + \gamma_3 u_w(U)$$
$$= \gamma_1 \cdot 1 + \gamma_2 \cdot 1 + \gamma_3 \cdot 0$$
$$= \gamma_1 + \gamma_2$$

よって，$\mathbb{E}_{\text{stay}}[u] > \mathbb{E}_{\text{leave}}[u]$ が成立する確率は

$$P(X + (1 - X)(\beta_1 + \beta_2) > \gamma_1 + \gamma_2)$$
$$= P\left(X > \frac{\gamma_1 + \gamma_2 - (\beta_1 + \beta_2)}{\beta_3}\right)$$
$$= P\left(X > \frac{\beta_3 - \gamma_3}{\beta_3}\right)$$
$$= 1 - P\left(X \leq \frac{\beta_3 - \gamma_3}{\beta_3}\right) = 1 - F\left(\frac{\beta_3 - \gamma_3}{\beta_3}\right)$$

です．まとめると出身階層別の進学率は，以下のとおりです．

$$\text{S クラス出身者の進学率}: 1 - F\left(\frac{\gamma_1 - \beta_1}{\alpha - \beta_1}\right)$$
$$\text{W クラス出身者の進学率}: 1 - F\left(\frac{\beta_3 - \gamma_3}{\beta_3}\right)$$

このモデルから以下のインプリケーションを導出できます (浜田 2015).

- S クラス出身者の進学率が W クラス出身者の進学率を上回る必要十分条件は

$$\frac{\alpha - \gamma_1}{\alpha - \beta_1} > \frac{\gamma_3}{\beta_3}$$

  である．
- W クラス出身者の進学率が S クラス出身者の進学率を上回る場合もある．
- S クラス出身者の成功確率 X の分布の平均が W クラス出身者のそれよりも ε だけ大きいと仮定する．このとき

$$\varepsilon < \frac{\gamma_3(\alpha - \beta_1) - \beta_3(\alpha - \gamma_1)}{\beta_3(\alpha - \gamma_1)}$$

  が成立すれば，S クラス出身者の進学率が W クラス出身者の進学率を上回る．

12.3　相対リスク回避モデルのベイズ推測

　ブリーンとゴールドソープのモデルは，（教育）社会学分野を中心に大きな影響をもたらし，この理論モデルの「実証」を試みた研究が国内外で多

数刊行されました (Need & Jong 2001; Breen & Yaish 2006; Stocké 2007; Holm & Jæger 2008; 近藤・古田 2009). しかし BG モデルの仮定が統計モデルに正確に反映されているかどうかには,検討の余地が残ります.

そこで,理論モデルの数学的構造をなるべく忠実に表現した統計モデルを定式化するために,ここまでに導出したインプリケーションを利用します.まず個人 i が大学に進学するかどうかをベルヌーイ確率変数 Y_i で表します.

$$Y_i \sim \text{Bernoulli}(q_i), \qquad i = 1, 2, \ldots, n.$$

ベルヌーイ分布のパラメータ q_i は進学確率を表しています.次に,ベルヌーイ分布のパラメータ q_i が出身階層(S クラスか W クラス)によって異なると仮定します.個人 i の出身階層が S クラスである場合のダミー変数を O_i とし,S クラス出身者の進学率を q_s と定義します.また,W クラス出身者の進学率を q_w と定義します.よってベルヌーイ分布のパラメータ q_i は

$$q_i = q_s \cdot O_i + q_w(1 - O_i)$$

と表すことができます.

出身階層別の進学率(確率 q_s と q_w)はモデルから導出した命題より

$$q_s = 1 - F\left(\frac{\gamma_1 - \beta_1}{\alpha - \beta_1}\right)$$

$$q_w = 1 - F\left(\frac{\gamma_1 + \gamma_2 - \beta_1 - \beta_2}{1 - \beta_1 - \beta_2}\right)$$

です.ここで,関数 F は確率変数 X の分布関数です.なお確率変数 X の実現値 x はモデルの仮定上 $x \in [0, 1]$ であるため,以下では X の分布としてベータ分布を仮定し,S クラスの成功確率を X_s,W クラスの成功確率を X_w で表します.

$$X_s \sim \text{Beta}(c_1, c_2)$$

$$X_w \sim \text{Beta}(d_1, d_2)$$

以上の定式化をまとめると,次のとおりです[4].

$$Y_i : \text{大学進学ダミー(進学} = 1,\ \text{非進学} = 0)$$

---

[4] この確率モデルの導出過程は次のようにいいかえることができます.

1. x がベータ分布に従うという階層モデルを考える.

2. 合理的選択の不等式の成立条件が,x の分布関数に(たまたま)一致することを利用して,x の積分を決定論的関数としてベルヌーイ分布のパラメータ q に代入する.

12.3 相対リスク回避モデルのベイズ推測 203

$$O_i : 出身階層ダミー（S クラス = 1, \ W クラス = 0）$$
$$Y_i \sim \mathrm{Bernoulli}(q_i)$$
$$q_i = q_s \cdot O_i + q_w(1 - O_i), \quad i = 1, 2, \ldots, n$$
$$q_s = 1 - F_{\mathrm{Beta}}\left(\frac{\gamma_1 - \beta_1}{\alpha - \beta_1}\Big| c_1, c_2\right)$$
$$q_w = 1 - F_{\mathrm{Beta}}\left(\frac{\beta_3 - \gamma_3}{\beta_3}\Big| d_1, d_2\right)$$

Stan コードは以下のようなものです.

```
data{
    int n;// no. of respondents
    int Y[n];// advancement {0,1}
    int O[n];// origin {0,1}
}

parameters {
    real <lower=0, upper=1> a;//alpha
    real <lower=0, upper=1> b1;//beta_1
    real <lower=0, upper=1-b1> b2;//beta_2
    real <lower=0, upper=a> g1;//gamma_1
    real <lower=0, upper=1-g1> g2;//gamma_2
    real <lower=0> c1; real <lower=0> c2;//Beta 分布のパラメータ
    real <lower=0> d1; real <lower=0> d2;//Beta 分布のパラメータ
}

transformed parameters{// q for bern(q)
    real <lower=0, upper=1> qs;
    real <lower=0, upper=1> qw;
    qs = 1 - beta_cdf((g1-b1)/(a-b1),c1+1,c2+1);
    qw = 1 - beta_cdf((g1+g2-b1-b2)/(1-b1-b2),d1+1,d2+1);
}

model {
    a ~ uniform(0, 1);
    b1 ~ uniform(0, 1); b2 ~ uniform(0, 1);
    g1 ~ uniform(0, 1); g2 ~ uniform(0, 1);
    c1 ~ gamma(5, 0.05); c2 ~ gamma(5, 0.05);
    d1 ~ gamma(5, 0.05); d2 ~ gamma(5, 0.05);
    for (i in 1:n){
```

---

3. その結果，確率変数 x 自体はモデルのなかから消える.
　ベイズ統計モデリングに慣れている読者にとっては，おそらくこのステップで考えた方が理解しやすいでしょう.

```
31      Y[i] ~ bernoulli(qs*O[i]+qw*(1-O[i]));
32    }
33 }
```

　モデルの仮定上 $\beta_1 + \beta_2 + \beta_3 = 1, \gamma_1 + \gamma_2 + \gamma_3 = 1$ ですが，β_3, γ_3 は推定する必要がないので，制約条件として $\beta_1 + \beta_2 < 1$ と $\gamma_1 + \gamma_2 < 1$ だけを仮定しています．c1,c2,d1,d2 はベータ分布のパラメータで正の実数なので，事前分布にガンマ分布を仮定しました．

12.4　分析結果の要約

　MCMC の設定は以下のとおりです．パラメータの推定には SSP 調査データ（134 ページ参照）を用いました[*5]．

　iter = 5500, warmup = 500, chains = 3, thin = 2. パラメータの初期値として a=0.6, b1=0.1, g1=0.2, c1=5, c2=5, d1=5, d2=5 を用いました．計算結果の要約は以下のとおりでした（図 12.2 はトレースプロット）．

	mean	2.5%	97.5%	n_eff	Rhat
a	0.7169	0.256044	0.9882	3598	0.9996
b1	0.1626	0.004918	0.4900	2406	1.0017
b2	0.2742	0.009742	0.7044	2965	1.0005
g1	0.4267	0.138631	0.7267	2538	1.0009
g2	0.3085	0.030161	0.6507	2198	1.0009
c1	94.6358	31.410511	190.5977	3631	1.0003
c2	95.5553	32.824571	198.2025	2897	1.0001
d1	97.4641	33.569981	195.2548	3687	1.0014
d2	90.0655	30.976665	178.9899	3169	1.0029
qs	0.6960	0.665324	0.7256	7489	1.0000
qw	0.3553	0.336310	0.3748	7743	1.0002

　Rhat の数値から MCMC が収束したとみなせます．しかし，q_s, q_w と比較すると，それ以外のパラメータの有効サンプルサイズ（n_eff）が小さいことがわかります．

[*5] 出身階層の代理変数として，親が大卒である場合に出身階層ダミーを 1 とコードしました．

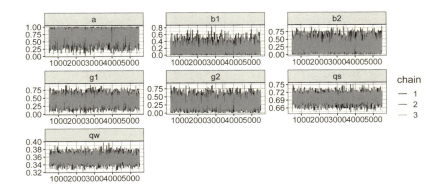

図 12.2 各パラメータのトレースプロット

このように，複雑な理論モデルに基づく推定は，潜在変数の識別が困難な場合があるので注意が必要です．

比較のために，同じ説明変数を用いた GLM（ロジスティック回帰）でも推定してみましょう．モデルは以下のとおりです．

Y_i : 大学進学ダミー（進学=1, 非進学=0）
O_i : 出身階層ダミー（S クラス=1, W クラス=0）
$Y_i \sim \text{Bernoulli}(q_i)$
$q_i = \text{inv\_logit}(b_0 + b_1 \cdot O_i), \quad i = 1, 2, \ldots, n$

Stan コードは，以下のとおりです．

```
data{
    int n;// no. of respondents
    int Y[n];// advancement {0,1}
    int O[n];// origin {0,1}
}

parameters {
    real b0;
    real b1;
}

transformed parameters{// q for bern(q)
    real <lower=0, upper=1> q[n];
    for (i in 1:n) q[i] = inv_logit(b0+b1*O[i]);
}
```

```
model{
    b0 ~ normal(0, 10);
    b1 ~ normal(0, 10);
    for (i in 1:n){
        Y[i] ~ bernoulli(q[i]);
    }
}
```

MCMC には BG モデルと同じ設定を使いました.

iter = 5500, warmup = 500, chains = 3, thin = 2. 推定結果は以下のとおりでした.

```
          mean        2.5%      97.5% n_eff  Rhat
b0     -0.5959     -0.6791    -0.5139  4900 1.000
b1      1.4241      1.2604     1.5887  4768 1.000
lp__ -2114.7838 -2117.5123 -2113.8091  5544 1.001
```

図 12.3 は推定した b_0, b_1 の事後分布のヒストグラムです.

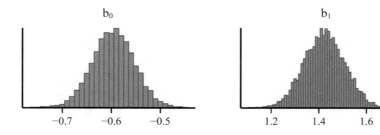

図 12.3 b_0, b_1 の事後分布

b_1 の事後分布の様子より, GLM が真の分布のよい近似であるならば, 出身階層ダミーの効果は正であると予想できます. 参考のため, BG モデルと GLM の WAIC を比較してみましょう.

$$\text{BG モデル: WAIC} = 4231.7(\text{SE} = 36.3)$$
$$\text{GLM: WAIC} = 4231.7(\text{SE} = 36.2)$$

有効パラメータ数 p_waic はともに 2.1 (SE = 0) でした. 2 つのモデル

はベルヌーイ分布のパラメータ q の関数型が異なりますが，両者の予測に差はないだろうと推察できます．

この結果から相対リスク回避仮説を反映したモデリングには，まだ改善の余地があると考えられます．q_s, q_w を計算するために用いたモデル内の変数である $\alpha, \beta_1, \beta_2, \gamma_1, \gamma_2$ を直接あるいは間接的に測定する変数を追加することで，理論モデルのより直接的な検証が可能になると予想できます．

12.5 理論モデルか GLM か？

本章では，教育達成の階層間格差を説明する理論モデルである BG モデルのベイズ推定の例を紹介しました．有効 MCMC サンプル数や推定の効率性の観点からは，GLM は手軽で有効な選択です．一方，理論モデルは推定効率の点で扱いが難しい面はありますが，インプリケーションは豊富です．

また理論モデルはデータ生成のメカニズムを数学的に表現していますが，GLM はそうではありません．もし GLM がモデルとして正しいとするならば，《出身階層が専門管理職の場合に，大学進学確率が高くなる》という知見を得ますが[*6]，なぜそうなるのかは GLM によって説明できません．GLM は単に大学進学確率（より厳密にいえば，大学への進学をベルヌーイ確率変数で表した場合のパラメータ q_i）が

$$q_i = \text{logistic}(b_0 + b_1 \cdot O_i)$$

という式で表される，と仮定しているだけです．なぜこの式でなければならないのか，理論的な根拠がありません．解釈がしやすく，推定がしやすいという理由のほかには，この関数を選ぶ積極的な理由はありません．

一方で BG モデルの場合，出身階層が専門管理職である人は，親の階層からの下降を回避するために進学を選択した結果，相対的に他の出身階層の人よりも進学率が高かったのだろうと推測できます．いいかえれば，パラメータの関数型が

$$q_s = 1 - F\left(\frac{\gamma_1 - \beta_1}{\alpha - \beta_1}\right), \quad q_w = 1 - F\left(\frac{\gamma_1 + \gamma_2 - \beta_1 - \beta_2}{1 - \beta_1 - \beta_2}\right)$$

[*6] たとえ出身階層ダミー変数の効果が有意に正であっても，この知見が経験的に正しいとは限りません．なぜなら欠落変数バイアス（モデルに含まれない変数の影響で生じるバイアス）を考慮すると，本章で推定に用いた GLM が真の分布ではない可能性があるからです．

であることは，理論的な導出の結果です．

ゆえに，理論モデルが正しいという条件の下で，q_s と q_w の事後分布を比較することが可能です（図 12.4）．

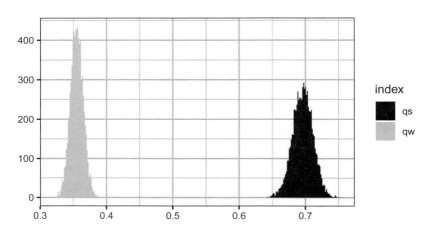

図 12.4 q_s と q_w の事後分布の比較

私たちは理論モデルから，出身階層が高い集団の進学確率 q_s と低い集団の進学確率 q_w を，《相対リスク回避》という行為者の主観的な合理的選択の結果として，導出しました．したがって，もし理論モデルがデータを生み出す真のモデルの近似として妥当ならば，職業階層の相対的な下降リスクを回避した結果，出身階層によって進学確率に差が出じる，という予想が今回得たデータに関しては支持されたと主張できるでしょう．

付録 A

確率論の基礎概念

　本書では主に確率変数という概念に依拠して統計モデリングを説明してきました．観測したデータを確率変数の実現値とみなすという推測統計の考え方は，現代科学の多くの分野で採用されています．したがって，確率や確率変数という概念の理解を深めることは，モデルをつくるうえで大変役立ちます．

　以下では確率論の基礎概念を，単純な具体例を示しながら確認します．読者の直感的な理解を優先して説明しますので，より厳密な定義に関しては参照注の文献をご覧ください．

　確率変数とは，標本空間 Ω と実現値の集合との対応関係のことで，直感的にいえば

離散確率変数　$X : \Omega \to \{x_1, x_2, x_3, \ldots\}$（有限集合でもよい）
連続確率変数　$X : \Omega \to \mathbb{R}$（実数全体の集合）

という関数のことでした．以下，より一般的に確率変数を定義するために，確率測度と σ-加法族という概念を導入します．

A.1 確 率 測 度

　本書冒頭で例にあげた《保険への加入行動》に基づいて，確率測度の定義を確認します．観察結果の集合を

$$\Omega = \{\text{加入しない, 加入する}\}$$

210   A. 確率論の基礎概念

で表し，これを標本空間 Ω と呼んだことを思い出してください．いま，Ω を含む部分集合族 $\mathcal{F}$ を

$$\mathcal{F} = \{\emptyset, \{\text{加入しない}\}, \{\text{加入する}\}, \Omega\}$$

と定義します[*1]．すると $\mathcal{F}$ は次の性質を満たします．

1. $\Omega \in \mathcal{F}$　　（Ω は $\mathcal{F}$ の要素である）
2. $A \in \mathcal{F} \Longrightarrow A^C \in \mathcal{F}$
   （A が $\mathcal{F}$ の要素ならば，その補集合 A^C も $\mathcal{F}$ の要素である）
3. $A_1, A_2, A_3, \ldots \in \mathcal{F} \Longrightarrow \bigcup_{i=1}^{\infty} A_i \in \mathcal{F}$
   （$A_1, A_2, A_3, \ldots$ が $\mathcal{F}$ の要素ならば，その和集合も $\mathcal{F}$ の要素である）

この性質を満たす部分集合族 $\mathcal{F}$ を Ω 上の **σ-加法族** といいます[*2]．

　σ-加法族の要素を事象といいます．σ-加法族という概念は，確率が明確に定義できるように事象の集合を定義するために必要です．

《標本空間 Ω》と《Ω 上の σ-加法族 $\mathcal{F}$》

を組にした $(\Omega, \mathcal{F})$ を **可測空間** といいます．

定義 18（確率測度）．$(\Omega, \mathcal{F})$ を可測空間とする．$\mathcal{F}$ 上の関数 $P : \mathcal{F} \to \mathbb{R}$ が次の性質

1. 任意の $A \in \mathcal{F}$ に対して $0 \le P(A) \le 1$
2. $P(\Omega) = 1$
3. $A_1, A_2, \ldots$ が互いに共通要素をもたないとき

$$P\left(\bigcup_{k=1}^{\infty} A_k\right) = \sum_{k=1}^{\infty} P(A_k)$$

[*1] 集合族とは集合を要素とする集合の名前です．たとえば集合 $A = \{1,2,3,4,5\}$ に対して，A の部分集合 $\{1,3\}$ と $\{4\}$ を要素とするような「集合の集合」として

$$\mathcal{A} = \{\{1,3\}, \{4\}\}$$

という集合を考えると，$\mathcal{A}$ は集合族です．$\mathcal{A}$ は集合 A の部分集合を要素とする集合族ですから，部分集合族ともいいます．

[*2] ほかの呼び方として，加算加法族，σ-集合族，σ-集合体，σ 代数（英語では σ-field，あるいは σ-algebra）などがありますが，すべて同じ意味です．

A.1 確 率 測 度　　　　　　　211

を満たすとき，P を $(\Omega, \mathcal{F})$ 上の**確率測度**，あるいは単に**確率**という．

　$(\Omega, \mathcal{F}, P)$ の組を確率空間といいます．確率空間 $(\Omega, \mathcal{F}, P)$ は

1. 《標本空間 Ω》
2. 《Ω 上の σ-加法族 $\mathcal{F}$》
3. 《確率測度 P》

の３つで構成されています．標本空間 Ω として，（空ではない）どんな集合を考えてもよく，Ω 上の σ-加法族さえ定義できれば，事象の確率を定義できます．

　抽象的な定義ばかりが続いたので，次は具体的な σ-加法族で確率測度を定義してみましょう．

例 9（保険加入行動）．σ-加法族を

$$\mathcal{F} = \{\emptyset, \{\,\text{加入しない}\,\}, \{\,\text{加入する}\,\}, \Omega\}$$

と定義し，その要素の確率測度を

$$P(\{\,\text{加入しない}\,\}) = 1 - q, \quad P(\{\,\text{加入する}\,\}) = q$$
$$P(\emptyset) = 0, \quad P(\Omega) = 1$$

とおきます（ただし $0 < q < 1$）．このように定義した関数 P は確かに確率測度の性質を満たしています．　　　　　　　　　　　　　　　　　　　□

例 10（サイコロの偶数と奇数）．サイコロを振って出た目が《偶数か》《奇数か》だけに興味があるとします．標本空間

$$\Omega = \{\,\boxdot, \boxdot, \boxdot, \boxdot, \boxdot, \boxdot\,\}$$

と Ω 上の σ-加法族 $\mathcal{F}$ を

$$\mathcal{F} = \{\emptyset, \{\,\boxdot, \boxdot, \boxdot\,\}, \{\,\boxdot, \boxdot, \boxdot\,\}, \Omega\}$$

と定義します．この集合族 $\mathcal{F}$ は σ-加法族の３条件を満たします．確率測度 P を

$$P(\emptyset) = 0, \quad P(\Omega) = 1$$
$$P(\{\,\boxdot, \boxdot, \boxdot\,\}) = 0.5$$
$$P(\{\,\boxdot, \boxdot, \boxdot\,\}) = 0.5$$

とおけば，確率空間 $(\Omega, \mathcal{F}, P)$ が定義できます．サイコロを 1 回振って，事象 $\{\,\boxdot, \boxdot, \boxdot\,\}$ が起こる確率とは，出た目が 1 か 3 か 5 である確率，いいかえれば奇数が出る確率です．他方で，事象 $\{\,\boxdot, \boxdot, \boxdot\,\}$ が起こる確率は，偶数が出る確率です．　　　　　　　　　　　　　　　　　　　　　　　　　　　　　　□

212 　　　　　　　　　　　A. 確率論の基礎概念

　このように σ-加法族 $\mathcal{F}$ を構成することで，Ω がもつ情報から一部分をとりだし，注目する事象に確率を定義できます[*3]．いま例にした σ-加法族 $\mathcal{F}$ は要素が 4 つの小さな集合族でしたが，この小ささは情報の少なさに対応しています．

　反対に，情報が豊富な σ-加法族をつくってみましょう．Ω のすべての部分集合を要素とする部分集合族をべき集合といい，$\mathcal{P}(\Omega)$ で表します．べき集合 $\mathcal{P}(\Omega)$ は Ω 上の σ-加法族のなかでもっとも大きな集合族です．サイコロの標本空間 $\Omega = \{\boxed{\cdot}, \boxed{\because}, \boxed{\therefore}, \boxed{::}, \boxed{\because\cdot}, \boxed{:::}\}$ のべき集合 $\mathcal{P}(\Omega)$ の要素は $2^6 = 64$ 個もあります．この可測空間 $(\Omega, \mathcal{P}(\Omega))$ 上の確率測度は，たとえば

$$A \in \mathcal{P}(\Omega) \text{ について } P(A) = \frac{1}{6}|A|$$

のように定義できます．ここで $|A|$ は集合 A の要素数を表します．たとえば，$A = \{\boxed{\cdot}, \boxed{\because}, \boxed{\therefore}\}$ であるとき $|A| = 3$ なので

$$P(A) = \frac{1}{6}|A| = \frac{1}{6} \cdot 3 = \frac{1}{2}$$

です．

A.2　確率変数

　確率モデルを使って社会現象を説明する方法において，中心的な概念が確率変数です．確率モデルをつくる際に，何が確率変数であり何がそうでないかを区別することは非常に大切です．

定義 19 (確率変数). $(\Omega, \mathcal{F})$ を可測空間，X を Ω から実数への関数とする．$X : \Omega \to \mathbb{R}$. 任意の実数 a に対して

$$\{\omega \in \Omega \mid X(\omega) > a\} \in \mathcal{F}$$

であるとき，関数 X を可測空間 $(\Omega, \mathcal{F})$ 上の可測関数という．またこの可測関数 X を確率空間 $(\Omega, \mathcal{F}, P)$ 上の**確率変数**という．

[*3] ここでは簡単のため Ω が有限個の要素しかもたない場合を例に考えています．σ-加法族は $\Omega = \mathbb{R}$ のように無限に多くの要素をもつ集合に対する定義で真価を発揮します (河野 1999; 小針 1973).

A.2 確 率 変 数　　213

　この定義は，確率論のテキストでしばしば使われます (河野 1999; Rosentahal 2006: 29)．データ分析の文脈では，確率変数の定義として実関数を考えれば十分な場合が多いので，本書では $X : \Omega \to \mathbb{R}$ や $X : \Omega \to \{0, 1, 2, \ldots\}$ を主に扱います．

A.2.1　確 率 分 布

　確率分布とは確率測度の一種です．定義は以下のとおりです．

定義 20 (離散確率分布)．$S = \{1, 2, \ldots\}$ (有限集合でもよい) を実現値の集合とする．確率変数 $X : \Omega \to S$ について関数 $f : S \to [0, 1]$ が $\sum_{s \in S} f(s) = 1$ を満たすと仮定する．このとき S の任意の部分集合 $A \subset S$ に対して

$$P(A) = \sum_{x \in A} f(x)$$

と定義し，この確率測度 P を確率変数 X の離散確率分布という．また X を**離散確率変数**，関数 f を**確率質量関数**という．

　連続確率分布を定義することで，任意の実数区間内で連続確率変数が実現する確率を定義できます．

定義 21 (連続確率分布)．確率変数 $X : \Omega \to S \subset \mathbb{R}$ に対して S 上の連続な関数 $f : S \to [0, \infty)$ が $\int_S f(x)dx = 1$ を満たすと仮定する．このとき S の任意の区間 $I \subset S$ に対して

$$P(I) = \int_I f(x)dx$$

と定義し，この確率測度 P を確率変数 X の連続確率分布という．また X を**連続確率変数**，連続関数 f を**確率密度関数**という．

　本書では以上のように，確率質量関数（確率密度関数）で確率分布を定義しますので，確率質量関数（確率密度関数）と確率分布を互換的に使います．

A.2.2 確率変数の合成

本書では確率変数どうしを合成して，新たに確率変数をつくる，という操作が何度も登場します．この操作は，確率変数のたたみこみ（5.2節）という定理を利用しています．以下に，たたみこみを使った確率変数の足し算の例を示します．

ポアソン分布の再生性

たとえば1日ごとのブログへのアクセス人数がパラメータ λ のポアソン分布に従っていると仮定します（つまり1日平均 λ 人がブログにアクセスします）．このとき2日間でのアクセス人数の分布はパラメータ 2λ のポアソン分布に従います．

これは直感的には当然な気がしますが，それほど自明ではありません．平均が2倍になるだけでなく，アクセス人数が依然としてポアソン分布に従うからです．このことは，ポアソン分布に従う確率変数 X, Y を足して新たな確率変数 $Z = X + Y$ をつくると，Z もまたポアソン分布に従う，という性質（これを分布の再生性という）に由来します．以下の仮定から，ポアソン分布の再生性を示します．

1. 確率変数 X, Y がともに $\mathrm{Poisson}(\lambda)$ に従う．
2. X, Y の確率質量関数を $f(x) = \frac{\lambda^x}{x!} e^{-\lambda}$, $g(y) = \frac{\lambda^y}{y!} e^{-\lambda}$ とおく．
3. X, Y は独立である．

$Z = X + Y$ の分布を，たたみこみの定理[*4]で計算します．

$$
\begin{aligned}
h(z) &= \sum_{x=0}^{z} f(x) g(z - x) & \text{定理より} \\
&= \sum_{x=0}^{z} \frac{\lambda^x}{x!} e^{-\lambda} \frac{\lambda^{z-x}}{(z-x)!} e^{-\lambda} & \text{仮定より}
\end{aligned}
$$

[*4] X, Y を独立な離散確率変数とし，$Z = X + Y$ とおく．X, Y, Z の確率質量関数を $f(x), g(y), h(z)$ とおくとき，次をたたみこみの定理という（5.2節も参照）．

$$
h(z) = \sum_{x} f(x) g(z - x).
$$

$$= \sum_{x=0}^{z} \frac{\lambda^x}{x!} \frac{\lambda^{z-x}}{(z-x)!} e^{-\lambda} e^{-\lambda}$$

$$= e^{-2\lambda} \sum_{x=0}^{z} \frac{\lambda^x}{x!} \frac{\lambda^{z-x}}{(z-x)!} \qquad \text{指数部を総和の外に}$$

$$= e^{-2\lambda} \sum_{x=0}^{z} \frac{z!}{z!} \frac{1}{x!(z-x)!} \lambda^x \lambda^{z-x} \qquad \frac{z!}{z!} \text{ をかける}$$

$$= \frac{e^{-2\lambda}}{z!} \sum_{x=0}^{z} \frac{z!}{x!(z-x)!} \lambda^x \lambda^{z-x} \qquad \frac{1}{z!} \text{ を総和の外に}$$

$$= \frac{e^{-2\lambda}}{z!} \sum_{x=0}^{z} {}_z C_x \lambda^x \lambda^{z-x} \qquad \text{2 項定理の形に注目}$$

$$= \frac{e^{-2\lambda}}{z!} (\lambda + \lambda)^z = \frac{e^{-2\lambda}}{z!} (2\lambda)^z \qquad \text{2 項定理を使う}$$

この結果から，Z はパラメータ 2λ のポアソン分布に従うことがわかりました．さらに一般化してみましょう．$X \sim \mathrm{Poisson}(\lambda)$ であるとき

$$Z = \underbrace{X + X + \cdots + X}_{k \text{ 個}}$$

とおけば，たたみこみの繰り返しから

$$Z \sim \mathrm{Poisson}(k\lambda)$$

です．つまり単位時間で平均 λ 回生じるイベントが k 倍の時間に生じる回数の分布は，$\mathrm{Poisson}(k\lambda)$ に従います．

このように，確率変数どうしを合成して新しい分布をつくることができれば，確率モデル構築の幅が広がります．

文　　献

Aitchison, J. & J. A. C. Brown, 1957, *The Lognormal Distribution: with Special Reference to Its Uses in Economics,* Cambridge University Press.

甘利俊一, 2011, 『情報理論』ちくま学芸文庫.

荒牧草平, 2016, 『学歴の階層差はなぜ生まれるか』勁草書房.

Becker, Gary S., 1962, "Investment in Human Capital: A Theoretical Analysis," *Journal of Political Economy,* 70(5): 9–49.

Boudon, Raymond, 1973, *L'Inégalité des Chances, La Mobilité Sociale dans les Sociétés Industrielles,* Librarie Armand Colin.（= 1983, 杉本一郎・山本剛郎・草壁八郎訳『機会の不平等』新曜社.）

Breen, Richard & John H. Goldthorpe, 1997, "Explaining Educational Differentials: Towards a Formal Rational Action Theory," *Rationality and Society,* 9(3): 275–305.

Breen, Richard, Ruud Luijkx, Walter Mller, & Reinhard Pollak, 2009, "Nonpersistent Inequality in Educational Attainment: Evidence from Eight European Countries," *American Journal of Sociology,* 114(5): 1475–521.

Breen, Richard & Meir Yaish, 2006, "Testing the Breen-Goldthorpe Model of Educational Decision Making," David B. Grusky Stephen L. Morgen & Gary S. Fields eds., *Mobility and Inequality,* Stanford University Press, 232–58.

Cover, Thomas M. & Joy A. Thomas, 2006, *Elements of Information Theory, 2nd Edition,* Hoboken: John Wiley & Sons.（= 2012, 山本博資・古賀弘樹・有村光晴・岩本貢訳『情報理論——基礎と広がり』共立出版.）

Easterlin, Richard A., 1974, "Does Empirical Growth Improve the Human Lot? Some Empirical Evidence," Paul A. David & Melvin W. Reder eds., *Nations and Households in Economic Growth: Essays in Honor of Moses Abramovitz,* New York, NY: Academic Press, 89–125.

————, 1995, "Will Raising the Incomes of All Increase the Happiness of All?," *Journal of Economic Behavior & Organization,* 27(1): 35–47.

Ebert, J. E. & D. Prelc, 2007, "The Fragility of Time: Time-Insensitivity and Valuation of the Near and Far Future," *Management Science,* 53: 1423–38.

Fararo, Thomas J. & Kenji Kosaka, 1976, "A Mathematical Analysis of Boudon's Model," *Social Science Information,* XV-2/3: 431–75.

————, 2003, *Generating Images of Stratification: A Formal Theory,* Dordrecht, Netherlands: Kluwer Academic Publisher.

Frey, Bruno S., 2008, *Happiness: A Revolution in Economics,* Cambridge, MA: MIT Press.（= 2012, 白石小百合訳『幸福度をはかる経済学』NTT 出版.）

Gelman, A., J. Hwang, & A. Vehtari, 2013a, "Understanding Predictive Information Criteria for Bayesian Models," *Statistics and Computing,* 24: 997–1016.

Gelman, Andrew, John B. Carlin, Hal S. Stern, David B. Dunson, Aki Vehtari, & Donald B. Rubin, 2013b, *Bayesian Data Analysis, 3rd Edition,* Boca Raton: Chapman & Hall/CRC.

Gronau, Q. F., H. Singmann, & E.-J. Wagenmakers, 2018, "bridgesampling: An R Package for Estimating Normalizing Constants," *arXiv Preprint,* arxiv:1710.08162v3.

Hamada, Hiroshi, 2004, "A Generative Model of Income Distribution 2: Inequality of the Iterated Investment Game," *Journal of Mathematical Sociology,* 28(1): 1–24.

————, 2016, "A Generative Model for Income and Capital Inequality," *Sociological Theory and Methods,* 60: 241–56.

————, 2019, "A Bayesian Model for Income Distribution," *Sociological Theory and Methods,* 65: 131–44.

浜田宏, 2015, 「教育機会の不平等」盛山和夫編『社会を数理で読み解く——不平等とジレンマの構造』有斐閣, 167–200.

————, 2018, 『その問題, 数理モデルが解決します——社会を解き明かす数理モデル入門』ベレ出版.

林賢一, 2018, 「統計学は錬金術ではない」『心理学評論』61: 147–55.

Holm, Anders & Mads Meier Jæger, 2008, "Does Relative Risk Aversion Explain Educational Inequality? A Dynamic Choice Approach," *Research in Social Stratification and Mobility,* 26(3): 199–219.

伊庭幸人, 2005, 「マルコフ連鎖モンテカルロ法の基礎」甘利俊一・竹内啓・竹村彰通・伊庭幸人編『統計科学のフロンティア 12 計算統計 II』岩波書店, 1–106.

Ishida, Hiroshi, 2007, "Japan: Educational Expansion and Inequality in Access to Higher Education," Yossi Shavit, Richard Arum, & Adam Gamoran eds., *Stratification in Higher Education: A Comparative Study,* Stanford University Press, 63–86.

鹿野繁樹, 2015, 『新しい計量経済学——データで因果関係に迫る』日本評論社.

Kass, R. E. & A. E. Raftery, 1995, "Bayes Factors," *Journal of the American Statistical Association,* 90: 773–95.

Kim, B. K. & G. Zauberman, 2009, "Perception of Anticipatory Time in Temporal Discounting," *Journal of Neuroscience, Psychology, and Economics,* 2: 91–101.

小針晛宏, 1973, 『確率・統計入門』岩波書店.

近藤博之・古田和久, 2009, 「教育達成の社会経済的格差——趨勢とメカニズムの分析」『社会学評論』59(4): 683–97.

小西貞則・北川源四郎, 2004, 『情報量規準』朝倉書店.

河野敬雄, 1999, 『確率概論』京都大学学術出版会.

髙坂健次, 2006, 『社会学におけるフォーマル・セオリー——階層イメージに関する FK モデル［改訂版］』ハーベスト社.

Kruschke, John K., 2015, *Doing Bayesian Data Analysis, 2nd Edition: A Tuto-*

rial with R, JAGS, and Stan, Waltham, MA: Academic Press.（= 2017, 前田和寛・小杉考司訳『ベイズ統計モデリング―R，JAGS，Stan によるチュートリアル［原著第 2 版］』共立出版.）

久保拓哉，2012，『データ解析のための統計モデリング入門――一般化線形モデル・階層ベイズモデル・MCMC』岩波書店.

Leemis, Lawrence M. & Jacquelyn T. McQueston, 2008, "Univariate Distribution Relationships," *The American Statistician,* 62(1): 45–53.

松浦健太郎，2016，『Stan と R でベイズ統計モデリング』共立出版.

松坂和夫，1989–90，『数学読本 1–6』岩波書店.

Meng, X.-L. & W. H. Wong, 1996, "Simulating Ratios of Normalizing Constants via a Simple Identity: A Theoretical Exploration," *Statistica Sinica,* 6: 831–60.

Mincer, Jacob, 1958, "Investment in Human Capital and Personal Income Distribution," *Journal of Political Economy,* 66(4): 281–302.

持橋大地・大羽茂征，2019，『ガウス過程と機械学習』講談社.

Myerson, J., L. Green, & M. Warusawitharana, 2001, "Area Under the Curve as a Measure of Discounting," *Journal of the Experimental Analysis of Behavior,* 76: 235–43.

成田清正，2010，『例題で学べる確率モデル』共立出版.

Neal, R. M., 2001, "Annealed Importance Sampling," *Statistics and Computing,* 11: 125–39.

Need, Ariana & Uulkje de Jong, 2001, "Educational Differentials in the Netherlands: Testing Rational Action Theory," *Rationality and Society,* 13(1): 71–98.

岡田謙介，2018，「ベイズファクターによる心理学的仮説・モデルの評価」『心理学評論』61: 101–15.

Rosentahal, Jeffrey S., 2006, *A First Look at Rigorous Probability Theory, Second Edition,* World Scientific Publishing.

Ross, Sheldon M., 2003, *Introduction to Probability Models, Eight Edition,* Academic Press.

Samuelson, P. A., 1937, "A Note on Measurement of Utility," *The Review of Economic Studies,* 4: 155–61.

Sen, Amartya K. with James E. Foster, 1997, *On Economic Inequality, Expanded ed., with a Substantial Annexe by James E. Foster and Amartya Sen,* Clarendon Press.（= 2000, 鈴村興太郎・須賀晃一訳『不平等の経済学――ジェームズ・フォスター，アマルティア・センによる補論「四半世紀後の『不平等の経済学』」を含む拡大版』東洋経済新報社.）

清水裕士，2014，『個人と集団のマルチレベル分析』ナカニシヤ出版.

Sozou, P. D., 1998, "On Hyperbolic Discounting and Uncertain Hazard Rates," *Proceedings of Royal Society of London B,* 265: 2015–20.

Stocké, Volker, 2007, "Explaining Educational Decision and Effects of Families' Social Class Position: An Empirical Test of the Breen-Goldthorpe Model of

Educational Attainment," *European Sociological Review,* 23: 505–19.

須山敦志，2017，『ベイズ推論による機械学習入門』講談社.

豊田秀樹編著，2008，『マルコフ連鎖モンテカルロ法』朝倉書店.

―――，2015，『基礎からのベイズ統計学―ハミルトニアンモンテカルロ法による実践的入門』朝倉書店.

Wasserstein, R. L. & N. A. Lazar, 2016, "Editorial: The ASA's Statement on p-values: Context, Process, and Purpose," *The American Statistician*, 70: 129–33.

Watanabe, Sumio, 2009, *Algebraic Geometry and Statistical Learning Theory,* Cambridge: Cambridge University Press.

―――, 2013, "A Widely Applicable Bayesian Information Criterion," *Journal of Machine Learning Research,* 14: 867–97.

渡辺澄夫，2012，『ベイズ統計の理論と方法』コロナ社.

渡辺澄夫・村田昇，2005，『確率と統計―情報学への架橋』コロナ社.

矢野健太郎・田代嘉宏，1993，『社会科学者のための基礎数学［改訂版］』裳華房.

索　引

欧　文

AIC　101
AUC　153

BG モデル　197
BIC　105

EAP 推定値　131

GLM　127, 207
GLMM　127

IEO モデル　196
i.i.d.　20

KL 情報量　95

MAP 推定値　132
MCMC　50
MH　62

$\hat{R}$　56

σ-加法族　210
SSP 調査　134

WAIC　103
WBIC　105

ア　行

イースタリン・パラドックス　179
1 次効果　196
一般化線形混合モデル　127
一般化線形モデル　127

一般化調和平均サンプリング法　118
インプリケーション　4

ヴェアフルスト曲線　143

エントロピー　91

オーバーフィッティング　35, 112

カ　行

外生変数　173
階層モデル　160, 190
確率　10
確率過程　57
確率質量関数　13, 213
確率測度　210
確率的生成モデリング　128
確率分布　12, 213
確率変数　11, 212
確率密度関数　15, 213
確率モデル　25, 37
可測空間　210
偏り　101
カルバック–ライブラー情報量　94
ガンマ関数　85, 109
ガンマ分布　84

期待値　3, 16
共役事前分布　43

空集合　10
区間　15

経験損失　99
欠落変数バイアス　207

交差エントロピー　97

サ　行

最大対数尤度　101
最大点　28
最尤推定値　29
最尤推定量　30
最尤法　29
サンプル　20
サンプルの期待値　21
サンプルの実現値　22

試行　9
事後分布　38
事象　9
指数分布　76
指数割引モデル　148
事前分布　37
実現可能　30
実現値　11
ジニ係数　176
自由エネルギー　40, 104, 108
重点サンプリング法　117
周辺確率分布　36
周辺尤度　38, 104
樹形図　3
条件付き確率分布　36
詳細釣り合い条件　62
情報量　90
初期資本　167
所得分布　134
人的資本　167
真の分布　21

推移確率行列　58
スモール・オー　73

正規化定数　39
正規分布　79
生存関数　150

双曲割引　148
双曲割引モデル　148
相対エントロピー　95

相対リスク回避仮説　197
相対リスク回避モデル　197
ソフトマックス関数　154
ソフトマックス行動戦略　154

タ　行

対数正規分布　80
対数尤度関数　31
たたみこみ　70, 214

チェーン　55
遅延価値割引　147
置換積分　81
中心極限定理　79
直積　20

定常分布　60
データ　22

トイモデル　6, 166
統計的推測　21, 25
統計モデリング　25
同時確率　17
同時確率密度関数　19
独立　18, 19
トレースプロット　53

ナ　行

内生変数　173
ナイーブ・モンテカルロ法　117

2 項定理　70, 71
2 項分布　69
2 次効果　196

ヌルモデル　185

ハ　行

ハイパーパラメータ　160
ハザード率　150
ハードルモデル　136
パラメータ　25, 37

パラメータリカバリ　22
パレート分布　134
バーンイン　54, 61
汎化損失　99
汎関数分散　103

ビッグ・オー　104
微分方程式　142
標本空間　9

普及プロセス　143
負の2項分布　122
部分集合　10
ブリッジ・サンプリング　106, 117
ブリッジ・サンプリング法　118
プロダクト　20
分配関数　38

平均対数尤度　100
ベイズ自由エネルギー　104
ベイズ推測　40
ベイズファクター　109
ベータ関数　42, 82
ベータ2項分布　83
ベータ分布　82
ベルヌーイ分布　12, 68
変数分離型　142

ポアソン過程　72
ポアソン分布　71

マ　行

マルコフ連鎖　57
マルコフ連鎖モンテカルロ法　50

無記憶性　76
無情報事前分布　37

メトロポリス・アルゴリズム　50
メトロポリス–ヘイスティングス・アルゴ
　　リズム　62

モデル　1

ヤ　行

尤度関数　26

予測分布　40

ラ　行

ランダム・サンプリング　20

利益率　167
離散一様分布　13
離散確率分布　13, 213
離散確率変数　12, 209, 213

連続エントロピー　93
連続確率分布　14, 213
連続確率変数　14, 209, 213

ロジスティック回帰　154, 205
ロジスティック関数　157, 185

ワ　行

割引因子　148

MEMO

MEMO

統計ライブラリー

社会科学のためのベイズ統計モデリング　　定価はカバーに表示

2019 年 12 月 1 日　初版第 1 刷
2020 年 8 月 30 日　　第 3 刷

著　者	浜	田			宏
	石	田			淳
	清	水	裕		士
発行者	朝	倉	誠		造
発行所	株式会社 朝	倉	書		店

東京都新宿区新小川町 6-29
郵 便 番 号　　１６２-８７０７
電　話　03（3260）0141
ＦＡＸ　03（3260）0180
http://www.asakura.co.jp

〈検印省略〉

Ⓒ 2019 〈無断複写・転載を禁ず〉　　　　　　中央印刷・渡辺製本

ISBN 978-4-254-12842-0　C 3341　　　　Printed in Japan

JCOPY ＜出版者著作権管理機構 委託出版物＞

本書の無断複写は著作権法上での例外を除き禁じられています．複写される場合は，
そのつど事前に，出版者著作権管理機構（電話 03-5244-5088，FAX 03-5244-5089，
e-mail: info@jcopy.or.jp）の許諾を得てください．

T.S.ラオ・S.S.ラオ・C.R.ラオ編
東大 北川源四郎・学習院大 田中勝人・
統数研 川﨑能典監訳

時系列分析ハンドブック

12211-4　C3041　　　　　　A5判　788頁　本体18000円

T.S.Raoほか編"Time Series Analysis : Methods and Applications"(Handbook of Statistics 30, Elsevier)の全訳。時系列分析の様々な理論的側面を23の章によりレビューするハンドブック。〔内容〕ブートストラップ法／線形性検定／非線形時系列／マルコフスイッチング／頑健推定／関数時系列／共分散行列推定／分位点回帰／生物統計への応用／計数時系列／非定常時系列／時空間時系列／連続時間時系列／スペクトル法・ウェーブレット法／Rによる時系列分析／他

D.P.クローゼ・T.タイマー・Z.I.ボテフ著
前東大 伏見正則・前早大 逆瀬川浩孝監訳

モンテカルロ法ハンドブック

28005-0　C3050　　　　　　A5判　800頁　本体18000円

最新のトピック，技術，および実世界の応用を探るMC法を包括的に扱い，MATLABを用いて実践的に詳解〔内容〕一様乱数生成／準乱数生成／非一様乱数生成／確率分布／確率過程生成／マルコフ連鎖モンテカルロ法／離散事象シミュレーション／シミュレーション結果の統計解析／分散減少法／稀少事象のシミュレーション／微分係数の推定／確率的最適化／クロスエントロピー法／粒子分割法／金融工学への応用／ネットワーク信頼性への応用／微分方程式への応用／付録：数学基礎

前京大 刈屋武昭・前広大 前川功一・東北大 矢島美寛・
学習院大 福地純一郎・統数研 川﨑能典編

経済時系列分析ハンドブック

29015-8　C3050　　　　　　A5判　788頁　本体18000円

経済分析の最前線に立つ実務家・研究者へ向けて主要な時系列分析手法を俯瞰。実データへの適用を重視した実践志向のハンドブック。〔内容〕時系列分析基礎(確率過程・ARIMA・VAR他)／回帰分析基礎／シミュレーション／金融経済財務データ(季節調整他)／ベイズ統計とMCMC／資産収益率モデル(酔歩・高頻度データ他)／資産価格モデル／リスクマネジメント／ミクロ時系列分析(マーケティング・環境・パネルデータ)／マクロ時系列分析(景気・為替他)／他

前慶大 蓑谷千凰彦著

正規分布ハンドブック

12188-9　C3041　　　　　　A5判　704頁　本体18000円

最も重要な確率分布である正規分布について，その特性や関連する数理などあらゆる知見をまとめた研究者・実務者必携のレファレンス。〔内容〕正規分布の特性／正規分布に関連する積分／中心極限定理とエッジワース展開／確率分布の正規近似／正規分布の歴史／2変量正規分布／対数正規分布およびその他の変換／特殊な正規分布／正規母集団からの標本分布／正規母集団からの標本順序統計量／多変量正規分布／パラメータの点推定／信頼区間と許容区間／仮説検定／正規性の検定

前統数研 大隅　昇監訳

調　査　法　ハ　ン　ド　ブ　ッ　ク

12184-1　C3041　　　　　　A5判　532頁　本体12000円

社会調査から各種統計調査までのさまざまな調査の方法論を，豊富な先行研究に言及しつつ，総調査誤差パラダイムに基づき丁寧に解説する．〔内容〕調査方法論入門／調査における推論と誤差／目標母集団，標本抽出枠，カバレッジ誤差／標本設計と標本誤差／データ収集法／標本調査における無回答／調査における質問と回答／質問文の評価／面接調査法／調査データの収集後の処理／調査にかかわる倫理の原則と実践／調査方法論に関するよくある質問と回答／文献

USCマーシャル校 落海　浩・神戸大 首藤信通訳

Rによる 統計的学習入門

12224-4　C3041　　　　　A5判 424頁 本体6800円

ビッグデータに活用できる統計的学習を，専門外にもわかりやすくRで実践。〔内容〕導入／統計的学習／線形回帰／分類／リサンプリング法／線形モデル選択と正則化／線形を超えて／木に基づく方法／サポートベクターマシン／教師なし学習

早大 豊田秀樹著

はじめての 統計データ分析
―ベイズ的〈ポストp値時代〉の統計学―

12214-5　C3041　　　　　A5判 212頁 本体2600円

統計学への入門の最初からベイズ流で講義する画期的な初級テキスト。有意性検定によらない統計的推測法を高校文系程度の数学で理解。〔内容〕データの記述／MCMCと正規分布／2群の差（独立・対応あり）／実験計画／比率とクロス表／他

早大 豊田秀樹編著

基礎からのベイズ統計学
ハミルトニアンモンテカルロ法による実践的入門

12212-1　C3041　　　　　A5判 248頁 本体3200円

高次積分にハミルトニアンモンテカルロ法（HMC）を利用した画期的初級向けテキスト。ギブズサンプリング等を用いる従来の方法より非専門家に扱いやすく，かつ従来は求められなかった確率計算も可能とする方法論による実践的入門。

早大 豊田秀樹編著

実践ベイズモデリング
―解析技法と認知モデル―

12220-6　C3014　　　　　A5判 224頁 本体3200円

姉妹書『基礎からのベイズ統計学』からの展開。正規分布以外の確率分布やリンク関数等の解析手法を紹介，モデルを簡明に視覚化するプレート表現を導入し，より実践的なベイズモデリングへ。分析例多数。特に心理統計への応用が充実。

お茶女大 菅原ますみ監訳

縦断データの分析 I
―変化についてのマルチレベルモデリング―

12191-9　C3041　　　　　A5判 352頁 本体6500円

Applied Longitudinal Data Analysis: Modeling Change and Event Occurrence. (Oxford University Press, 2003)前半部の翻訳。個人の成長などといった変化をとらえるために，同一対象を継続的に調査したデータの分析手法を解説。

お茶女大 菅原ますみ監訳

縦断データの分析 II
―イベント生起のモデリング―

12192-6　C3041　　　　　A5判 352頁 本体6500円

縦断データは，行動科学一般，特に心理学・社会学・教育学・医学・保健学において活用されている。IIでは，イベントの生起とそのタイミングを扱う。〔内容〕離散時間のイベント生起モデル／ハザードモデル／コックス回帰モデル，など。

日大 清水千弘著

市場分析のための 統計学入門

12215-2　C3041　　　　　A5判 160頁 本体2500円

住宅価格や物価指数の例を用いて，経済と市場を読み解くための統計学の基礎をやさしく学ぶ。〔内容〕統計分析とデータ／経済市場の変動を捉える／経済指標のばらつきを知る／相関関係を測定する／因果関係を測定する／回帰分析の実際／他

岡山大 長畑秀和著

Rで学ぶ 実験計画法

12216-9　C3041　　　　　B5判 224頁 本体3800円

実験条件の変え方や，結果の解析手法を，R（Rコマンダー）を用いた実践を通して身につける。独習にも対応。〔内容〕実験計画法への導入／分散分析／直交表による方法／乱塊法／分割法／付録：R入門

岡山大 長畑秀和著

Rで学ぶ 多変量解析

12226-8　C3041　　　　　B5判 224頁 本体3800円

多変量（多次元）かつ大量のデータ処理手法を，R（Rコマンダー）を用いた実践を通して身につける。独習にも対応。〔内容〕相関分析・単回帰分析／重回帰分析／判別分析／主成分分析／因子分析／正準相関分析／クラスター分析

岡山大 長畑秀和著

Rで学ぶ データサイエンス

12227-5　C3041　　　　　B5判 248頁 本体4400円

データサイエンスで重要な手法を，Rで実践し身につける。〔内容〕多次元尺度法／対応分析／非線形回帰分析／樹木モデル／ニューラルネットワーク／アソシエーション分析／生存時間分析／潜在構造分析法／時系列分析／ノンパラメトリック法

数理社会学会監修　小林　盾・金井雅之・ 佐藤嘉倫・内藤　準・浜田　宏・武藤正義編 **社　会　学　入　門** ―社会をモデルでよむ― 50020-2 C3036　　　　A5判 168頁 本体2200円	社会学のモデルと概念を社会学の分野ごとに紹介する入門書。「家族：なぜ結婚するのか―人的資本」など，社会学の具体的な問題をモデルと概念で読み解きながら基礎を学ぶ。社会学の歴史を知るためのコラムも充実。
J. Pearl他著　USCマーシャル校 落海　浩訳 **入門 統 計 的 因 果 推 論** 12241-1 C3041　　　　A5判 200頁 本体3300円	大家Pearlによる入門書。図と言葉で丁寧に解説。相関関係は必ずしも因果関係を意味しないことを前提に，統計的に原因を推定する。〔内容〕統計モデルと因果モデル／グラフィカルモデルとその応用／介入効果／反事実とその応用
旭川医大 高橋雅治・ D.W.シュワーブ・B.J.シュワーブ著 **心理学英語[精選]文例集** 52021-7 C3011　　　　A5判 408頁 本体6800円	一流の論文から厳選された約1300の例文を，文章パターンや解説・和訳とあわせて論文構成ごとに提示。実際の執筆に活かす。〔構成〕本書の使い方／質の高い英論論文を書くために／著者注／要約／序文／方法／結果／考察／表／図
統計科学研 牛澤賢二著 **やってみよう テキストマイニング** ―自由回答アンケートの分析に挑戦！― 12235-0 C3041　　　　A5判 180頁 本体2700円	アンケート調査の自由回答文を題材に，フリーソフトとExcelを使ってテキストデータの定量分析に挑戦。テキストマイニングの勘所や流れがわかる入門書。〔内容〕分析の手順／データの事前編集／形態素解析／抽出語の分析／文書の分析／他
日大 小林雄一郎著 **ことばのデータサイエンス** 51063-8 C3081　　　　A5判 180頁 本体2700円	コンピュータ・統計学を用いた言語学・文学研究を解説。データ解析事例も多数紹介。〔内容〕ことばのデータを集める／言葉を数える／データの概要を調べる／データを可視化する／データの違いを検証する／データの特徴を抽出する／他
大隅　昇・鳰真紀子・井田潤治・小野裕亮訳 **ウ ェ ブ 調 査 の 科 学** ―調査計画から分析まで― 12228-2 C3041　　　　A5判 372頁 本体8000円	"The Science of Web Surveys"(Oxford University Press) 全訳。実験調査と実証分析にもとづいてウェブ調査の考え方，注意点，技法などを詳説。〔内容〕標本抽出とカバレッジ／無回答／測定・設計／誤差／用語集／和文文献情報
筑波大 尾崎幸謙・明学大 川端一光・ 岡山大 山田剛史編著 **Rで学ぶ マルチレベルモデル[入門編]** ―基本モデルの考え方と分析― 12236-7 C3041　　　　A5判 212頁 本体3400円	無作為抽出した小学校からさらに無作為抽出した児童を対象とする調査など，複数のレベルをもつデータの解析に有効な統計手法の基礎的な考え方とモデル(ランダム切片モデル／ランダム傾きモデル)を理論・事例の二部構成で実践的に解説。
筑波大 尾崎幸謙・明学大 川端一光・ 岡山大 山田剛史編著 **Rで学ぶ マルチレベルモデル[実践編]** ―Mplusによる発展的分析― 12237-4 C3041　　　　A5判 264頁 本体4200円	姉妹書[入門編]で扱った基本モデルからさらに展開し，一般化線形モデル，縦断データ分析モデル，構造方程式モデリングへマルチレベルモデルを適用する。学級規模と学力の関係，運動能力と生活習慣の関係など5編の分析事例を収載。
前首都大 朝野煕彦編著 **ビジネスマン がはじめて学ぶ ベ イ ズ 統 計 学** ―ExcelからRへステップアップ― 12221-3 C3041　　　　A5判 228頁 本体3200円	ビジネス的な題材，初学者視点の解説，ExcelからR(Rstan)への自然な展開を特長とする待望の実践的入門書。〔内容〕確率分布早わかり／ベイズの定理／ナイーブベイズ／事前分布／ノームの更新／MCMC／階層ベイズ／空間統計モデル／他
前首都大 朝野煕彦編著 **ビジネスマンが 一歩先をめざす ベ イ ズ 統 計 学** ―ExcelからRStanへステップアップ― 12232-9 C3041　　　　A5判 176頁 本体2800円	文系出身ビジネスマンに贈る好評書第二弾。丁寧な解説とビジネス素材の分析例で着実にステップアップ。〔内容〕基礎／MCMCをExcelで／階層ベイズ／ベイズ流仮説検証／予測分布と不確実性の計算／状態空間モデル／Rによる行列計算／他

上記価格（税別）は 2020 年 7 月現在